Michael Geitner

Kulante Konsequenz

Mein Weg zu
den Pferden

Michael Geitner

Kulante Konsequenz

Mein Weg zu
den Pferden

Impressum

Einbandgestaltung: Dos Luis Santos

Titelbilder: CAVALLO

Bildnachweis:
CAVALLO: S. 35 ff, 90 unten, 91, 92/93, 94/95, 96/97, 108/109, 111 ff.
Sammy Minkoff: S. 87 oben.
Linn Oehmig, www.fotografie-oehmig.de: S. 107 unten, 141 ff.
Renate Wagner, www.das-mobile-pferdefotostudio.de: S. 100–103.
Alle übrigen Fotos stammen aus dem Archiv von Michael Geitner.

ISBN 978-3-275-01637-2
Copyright © 2008 by Müller Rüschlikon Verlag
Postfach 103743, 70032 Stuttgart
Ein Unternehmen der Paul Pietsch Verlage GmbH & Co
Lizenznehmer der Bucheli Verlags AG, Baarerstr. 43, CH-6304 Zug

1. Auflage 2008

Sie finden uns im Internet unter www.mueller-rueschlikon-verlag.de

Text: Nicole Geitner und Kiki Kaltwasser
Innengestaltung: Anita Ament
Druck und Bindung: KoKo Produktionsservice, 70900 Ostrava
Printed in Czech Republik

Inhalt

Vorwort

Da ist es also, das Alterswerk unseres gerade einmal 44 Jahre jungen Michael »Mike« Geitner. Ein Alterswerk ist gekennzeichnet durch einen hohen Grad an Erkenntnissen und Erfahrungen, an weisen Einsichten.

»Wer mich näher kennt, der weiß, dass bei mir Motto, Idee, Planung und die Ausführung zeitnah beieinander liegen«, kann man gleich im ersten Kapitel dieses Buches lesen.

Wie anders wäre es möglich, dass aus einer ersten, entscheidenden Beobachtung (nachzulesen in Michael Geitners Buch »Dual-Aktivierung« auf Seite 12, »Wie alles begann«) die Umsetzung der Dual-Aktivierung in einer derartigen Konsequenz möglich wurde?

Einer Methode, die mit den Mitteln modernster wissenschaftlicher Erkenntnisse den Nachvollzug der von den alten Meistern und der klassischen Dressur geforderten Geraderichtung ermöglicht.

»Richte Dein Pferd gerade und reite es vorwärts«, so Gustav Steinbrechts Essenz im von Paul Plinzner 1886 herausgegebenen Buch »Das Gymnasium des Pferdes«. Und »Merke Dir auch: Fortschritte macht Dein Pferd nur, wenn Du auf gutem Fuß mit ihm stehst. Selbst wenn Du seine schlechten Neigungen, sein natürliches Widerstreben bekämpfst, muss Dein Umgang mit ihm stets von einer wohlwollenden Gemütlichkeit angehaucht sein.«

Arbeite mir Pferden in »kulanter Konsequenz«, nachzulesen in diesem Buch, geschrieben in Michael Geitners eigenem, erfrischendem Stil.

Hoffentlich »ein« Alterswerk, denn wir wollen noch mehr von ihm hören.

Dr. Diether Polheim
Trainer Dual-Aktivierung
Bundesreferent für Ausbildung im Bundesfachverband für Reiten
und Fahren in Österreich

Kapitel 1
Wie alles begann

1. Die Abkehr

Es war ein herrlicher Sommermorgen auf unserer Ranch. Ich saß wie so oft auf einer Schaukel im elterlichen Garten, denn von dort aus hatte ich einen wunderschönen Ausblick ins Tal. Ich schaukelte vor mich hin und beobachtete einen Zug, der langsam an unserer Ranch vorbeifuhr. Es roch herrlich nach frisch gemähtem Gras. Ich atmete tief durch. Es schien ein besonders schöner Tag zu werden. Im Kopf malte ich mir schon aus, was ich heute alles anstellen könnte. Da fiel mein Blick auf ein Auto, das sehr langsam die Hofeinfahrt hochfuhr. Ich sah, wie zwei Männer in Polizeiuniform ausstiegen. Sie beachteten mich nicht, sondern gingen geradewegs zur Haustür und klopften. Meine Mutter öffnete die Türe und bat sie herein. Ich sprang von meiner Schaukel und kletterte auf eine alte Bank unter dem Küchenfenster, um die Szene in der Stube zu beobachten. Im Gesicht meiner Mutter erkannte ich, dass etwas nicht in Ordnung war. Trotzdem war ich mir nicht sicher. Vielleicht wollten die Herren nur etwas zum Essen? Auf einmal sah ich durch einen Spalt im Fenster, wie meine Mutter in Tränen ausbrach. Sie sagte etwas, aber ich konnte es durch das Fenster hindurch nicht verstehen.
Die Männer überbrachten die Nachricht, dass mein Vater einen tödlichen Autounfall hatte. Er war auf einer fast geraden Strecke gegen einen Baum geprallt. Man vermutete, dass irgendetwas mit seinem Herzen nicht stimmte. Vielleicht ein Infarkt. Oder ein Schwächeanfall. Niemand wusste es genau. Jedenfalls überlebte er diesen Unfall nicht. Ich war damals acht Jahre alt. Ich verstand noch nicht, was das bedeutete: »Er ist tot.« Oder den Satz: »Er kommt nie wieder.«

Die einzige Erinnerung, die ich an diese schreckliche Zeit habe, besteht aus einem Foto, das eine Regionalzeitung abgedruckt hatte. Es war das völlig zertrümmerte Wrack eines Autos. Das Auto meines Vaters. Von einem Tag auf den anderen veränderte sich damals meine kleine Welt.

Dabei hatte alles so vielversprechend begonnen. Mein Vater träumte einen Traum: »Reiten für Jedermann«. Ihn trieb die verwegene, für die damalige

Zeit fast schon absurde Idee an, dass ein Normalsterblicher sich Reiten leisten könnte.

In den siebziger Jahren war Reiten ein Sport für die Besserverdienenden, in Bayern ebenso wie überall. Ich weiß nicht mal, woher die Pferdebegeisterung in meiner Familie stammte. Jedenfalls konnte mein Vater sehr schnell meine Mutter überzeugen. Der Weg von der Idee bis zur Ausführung war wohl nur kurz. Alles begann auf einer kleinen, idyllischen Anlage im bayerischen Ort Forstseeon. Ich war gerade mal drei Jahre alt.

Meine Eltern steckten all ihre Energie in diese Ranch. Ab jetzt drehte sich ihr Leben Tag und Nacht um diesen großen Traum. In Spitzenzeiten lebten fast vierzig Pferde auf der Ranch. Sie waren alle völlig unterschiedlich und zugleich einzigartig, eine kunterbunt gemischte Truppe von großen und kleinen, dicken und dünnen Pferden. Sämtliche Rassen waren vertreten, viele Mischlinge, natürlich auch Haflinger. Mein Vater kaufte Pferde und Ponys immer möglichst günstig ein. Stuten und Wallache wurden in mehreren großen Gruppen auf der Koppel zusammengestellt und benahmen sich alsbald brav. Mein Vater schickte sie mit unseren Reitgästen ins Gelände, damit war es auch gut. Es gab kein großes Brimborium um Reitlehre und Pferdeverhalten. Die Pferde hatten ihre Aufgabe und die Gäste ihren Spaß. So einfach funktionierte das Prinzip der Ranch.

Unsere ganze Familie arbeitete dort. Ein Onkel betätigte sich als Pferdepfleger, an den Wochenenden halfen Freunde und Bekannte meiner Eltern wie selbstverständlich mit. Die Idee meines Vaters hatte im Dorf und der Umgebung eingeschlagen wie ein Blitz mitten im Winter. Viele waren begeistert, einige schüttelten jedoch den Kopf und fanden, mein Vater habe wohl einen Vogel. Die größte Zielgruppe waren Kinder und Jugendliche im Alter zwischen acht und achtzehn Jahren. Sie fanden bei uns so etwas wie ein zweites Zuhause. Die Kids verbrachten praktisch das ganze Wochenende auf der Ranch. Meine Eltern stellten ihnen Schlafräume zu Verfügung, die Vorreiter-Burschen übernachtete darin und durften in Eigenregie an ihren Zimmern basteln, in denen sie am Wochenende wohnten.

»Vorreiter« hießen bei uns die jungen Burschen, die am Kopf der Gruppen bei Ausritten ins Gelände »vorritten«. Gelegentlich treffe ich heute noch mal den einen oder anderen Vorreiter von damals. Sofort kommen alte Geschichten auf. Alle sind sich sicher, dass es für sie eine wichtige Zeit war. Jeden Freitag, kaum war die Arbeit oder die Schule beendet, gab es kein Halten mehr: Der Ranzen flog in die Ecke, man lief rauf zur Ranch. Jeder hatte dort seine Aufgabe, jeden Tag war etwas los. Viele junge Männer aus der Umgebung verbrachten ihr Wochenende bei uns.

Normalerweise haben Jungs in diesem Alter andere Interessen im Kopf, als auf einer Ranch von morgens bis abends zu schuften, Pferde zu füttern oder Ställe auszumisten. Aber es gab nichts Schöneres für sie. Ich erinnere mich an einen, der gerade erst 15 Jahre alt war. Er tauchte jeden Tag nach der Schule auf der Ranch auf. Meine Mutter gab ihm sein Mittagessen mit aufs Pferd. An den Wochentagen führte er völlig allein die Reitgruppen an. Früher war alles unkomplizierter, heute wäre es nicht vorstellbar, einen Fünfzehnjährigen mit einer Gruppe von meist unerfahrenen Reitern ins Gelände zu schicken. Im Jahr 1970 machte man sich darüber wenig Gedanken, das Verständnis der Menschen vom Reiten oder von Pferden war völlig anders.

Als Einzelkind führte ich ein herrlich unbeschwertes Leben auf der Ranch. Meist lief ich einfach mit den Größeren mit, war mal an den Koppeln oder im Stall unterwegs, spielte mal hier und mal dort. Oder ich schaute den Gästen bei ihren ersten Reitversuchen zu. Als Kind genoss ich diese Freiheiten. Eines der beeindruckendsten Erlebnisse war damals, als ein echter Kinofilm auf unserer Ranch gedreht wurde: »Tetschan der Indianerjunge« unter der Regie von Hark Bohm. Noch heute kann ich mich an Szenen erinnern, die für mich als Kind besonders spektakulär waren. Die Filmcrew lieh unsere Pferde aus, ein Teil unserer Vorreiter wirkte als Komparsen mit. Besonders stolz war meine Familie, weil unsere Pferde ihre Fähigkeiten vor einer echten Filmkamera beweisen durften.

Das Geschäft florierte, meine Eltern beschlossen, sich nach einer größeren Ranch umzusehen. Nach kurzer Zeit wurden sie fündig. Mein Vater pachtete

einen Hof in Pötting im bayerischen Landkreis Ebersberg. Dort entstand die eigentliche »Rancho Alegre«. Ich war gerade mal sechs Jahre alt. Monat für Monat nahm die Idee meines Vaters, das »Reiten für Jedermann«, mehr Gestalt an, entwickelte sich erfolgreich und stieß auf Begeisterung. Bis zu jenem Tag, als er so plötzlich aus dem Leben gerissen wurde.

Bei der Beerdigung gab es für damalige Verhältnisse einen richtigen Presserummel. Mein Vater war in der Region längst ein bekannter Mann. Unter anderem hatte er einen Wanderritt von Pötting nach Ingolstadt veranstaltet. Er ritt mit seinen Mitstreitern eine Strecke von ungefähr 200 Kilometern. Zwar waren damals die Straßen noch nicht so befahren wie heute, aber trotzdem war es ein beachtlich weiter Weg – und zudem nur mit Pferden. »Mit den Pferden an der Isar«, lautete die Schlagzeile des Artikels, der von der »einsamen Reise« des Cowboys Siggi Geitner berichtete. Mein Vater war mit seinen Pferden und seiner Peitsche abgebildet. Kein Wunder, dass die Zeitung solche Elemente in den Vordergrund stellte, denn Cowboy-Romantik hatte damals einen hohen Stellenwert. Jeder sehnte sich ein bisschen nach diesem Hauch von Lässigkeit, mein Vater hatte ihn für sich verwirklicht. Erst heute verstehe ich wirklich, welche Wertschätzung mein Vater bei den Leuten genoss. Nach wie vor sprechen mich auf Pferde-Veranstaltungen ältere Menschen an, immer heißt es: »Mensch, ich hab´ ja Deinen Vater, den Siggi, gut gekannt. Das war ein Supertyp!«

Von einem Tag auf den anderen musste meine Mutter die Ranch leiten – die meiste Zeit völlig allein. Ab und zu half ich im Stall, aber – ehrlich gestanden – nur unter Druck. Nur dann, wenn es nicht zu übersehen war, dass meine Mutter es nicht alleine schaffen würde. Weil sie mir Leid tat, nahm ich die Mistgabel in die Hand.

Es ist seltsam, dass ich an die Zeit nach dem Tod meines Vaters nur noch wenig Erinnerungen habe. Wenn andere Erwachsene erzählen, dass sie sich genau an ihre Kindheit erinnern und bildlich vor Augen haben, was sie hier und dort gemacht haben, dann beneide ich sie. Ich habe das Gefühl, diese

Pferde- und Ranchgeschichte aus meinem Gedächtnis gelöscht zu haben. Wahrscheinlich aus Selbstschutz. Jedenfalls entwickelte ich in der Zeit, als es bei uns nur noch hektisch zuging und meine Mutter fast Tag und Nacht schuften musste, eine regelrechte Abneigung gegen Pferde und das Leben auf der Ranch.

Wie jede Mutter hatte sich auch meine gewünscht, dass ich mich mehr für ihre Welt interessiere. So entstand natürlich der Druck, ich solle etwas »mit Pferden machen«. Doch zu diesem Zeitpunkt war das für mich undenkbar. Die Hoffnung, dass ich einmal die Ranch meines Vaters weiterführe, stand täglich in den Augen meiner Mutter. Immerhin war ich das einzige Kind. Obwohl sie immer wenig Zeit hatte, setzte sie alles daran, um die wenigen freien Stunden mit mir zu verbringen.

Leider klappte das nicht immer. Es gab Zeiten, da war ich ziemlich wütend. Nicht auf meine Mutter, sondern auf die Pferde. Immer stärker kam das Gefühl hoch, dass mir die Pferde die Zeit stahlen, die ich lieber mit meiner Mutter verbracht hätte. Vier Jahre lang versuchte sie, diesen Spagat hinzukriegen, also mich und den Hof unter einen Hut zu bekommen. Irgendwann merkte sie, dass das nicht zu schaffen war, und gab auf.

Als kleiner Junge glaubte ich immer, wir wären steinreich. Später erfuhr ich die Wahrheit – meine Mutter musste um jeden Pfennig, um jede Investition und um jede Reitstunde kämpfen. Heute bin ich dankbar, dass sie diese Sorgen komplett von mir fernhielt. Der Verlust meines Vaters war schon schrecklich genug für mich.

Natürlich war ich nicht allein an der Situation meiner Mutter schuld, aber ich machte es ihr auch nicht leicht. Dazu kam, dass meine Mutter Schwierigkeiten mit dem Verpächter der Ranch hatte. Er versuchte alles, damit sie möglichst schnell den Hof aufgab. Den Grund kennen wir bis heute nicht. Vermutlich wollte der Eigentümer selber auf seinem Anwesen wohnen und sich eine Existenz aufbauen. Die Motivation meiner Mutter, nach einem neuen

Domizil zu suchen, sank zunehmend. Den einen oder anderen Hof besichtigte sie, oft war sie auf dem Absprung, etwas Neues anzufangen, aber letztlich siegten ihr Desinteresse und ihre Müdigkeit. Der Hauptgrund war wahrscheinlich, dass meine Mutter zwei Dinge nicht mehr übersehen konnte: Ich war schon zwölf Jahre alt, und ich hatte keinerlei Interesse an den Pferden.

Je älter ich wurde, desto weniger war ich zu Hause. Es wäre mir nicht im Traum eingefallen, den »freien Montag« auf unserem Hof zu verbringen. Dieser Tag war wirklich frei für mich. Mir war es immer wichtiger, mit meinen Freunden unterwegs zu sein, als mich bei den Pferden aufzuhalten. Ich verbrachte eigentlich jede freie Minute mit meinen Freunden. Das änderte sich erst mit Susi. Sie war ein hübsches Mädchen, ich verliebte mich Hals über Kopf in sie. Trotz meiner kindlichen zwölf Jahre empfand ich sie als meine Traumfrau. In dieser Zeit war ich plötzlich stolz, als der »Ranch-Junior« zu gelten. Klar, die meisten Mädchen fanden Pferde süß, knuddelig oder sonst was. Kein Wunder, dass ich einen ungeahnten Stolz entwickelte: Meine Mutter besaß viele Pferde, ich wohnte auf einer echten Ranch. Irgendwie realisierte ich das jetzt. Endlich machte es für mich Sinn, bei den Pferden zu sein. Aber wie bei so vielen »Jugendlieben« hielt auch diese nur ein paar Monate. Kurze Zeit später kehrte wieder der Alltag ein; Mofafahren mit Freunden war unkomplizierter, als mit 13 Jahren schon Beziehungsprobleme zu diskutieren.

Ungeachtet der kurzen Phase, in der Pferde mein Ego beschäftigten, verkaufte meine Mutter alle Pferde schließlich in den Jahren 1977 und 1978. Es berührte mich nicht. Im Gegenteil, ich war heilfroh, dass diese Tiere nicht mehr unser Leben bestimmten.

Als ich 14 Jahre alt war, zogen meine Mutter und ich zu meiner Großmutter. Anfangs war ich so glücklich, dass meine Mutter jetzt endlich alleine für mich da war. Aber dann kam ich in die Pubertät. Mofafahren – das war mein erster Lebensinhalt und mein zweiter waren meine Kumpel. Ich nahm nicht mehr wahr, was sonst in meinem Umfeld passierte. Nachdem sie die Ranch aufgegeben hatte, trat meine Mutter eine Arbeit bei der Polizei an. Bis zu ihrer Rente war sie am Flughafen in München für die Sicherheitskontrollen verantwortlich. Von dem Tag an, als wir zu meiner Oma zogen, lebten wir ein normales Familienleben. Jedenfalls aus meiner damaligen Sicht. Ich war viel – in Wahrheit zu viel – unterwegs, das Thema Pferde war beendet.

2. Rückkehr

Mit 17 Jahren lernte ich Sabine, meine heutige Ehefrau, kennen. Wir lebten wie alle anderen jungen Leute, gaben unser Geld für Autos aus oder fuhren in Urlaub. 1988 heirateten wir, 1989 wurde unsere Tochter Nicole geboren, 1991 unser Sohn Michael. Ab diesem Zeitpunkt galt für meine Frau und mich nur noch eins: Familienleben.

Freilich ahnte ich nicht, dass Sabine mir den Anstoß geben würde, wieder ein Leben mit Pferden zu beginnen. Wie viele Frauen war auch sie als Kind gelegentlich geritten. Irgendwann meinte sie quasi nebenbei, sie denke daran, wieder Reitstunden zu nehmen. Zunächst sehr zart und unbewusst, dann immer deutlicher stieg bei mir der Gedanke an Pferde vom Bauch in meinen Kopf.

Damals waren wir mit einem Ehepaar befreundet, das eine Reitbeteiligung an einer netten Warmblutstute hatte. Die beiden luden uns ein, sie zum Stall zu begleiten. Prompt ließen wir uns überreden. Das war 1994.

An einem schönen Sonntagnachmittag fuhren wir mit beiden Kindern sowie den Freunden, die ebenfalls zwei Kinder hatten, zum Stall. Es kam, wie es kommen musste: Dort am Steinsee wartete auf uns ein braves Pferd. Nacheinander setzten wir uns in den Sattel, ritten von der kleinen Anlage weg, auf einem breiten Waldweg über einen Pfad hoch auf einen Berg. Es war eine Szene, die ich nie vergessen werde, ich könnte sie heute noch in jedem Detail malen.

Wer sich unsicher fühlte, ließ sich führen. Sabine gehörte zu dieser Gruppe. Schon damals hätte ich eigentlich merken müssen, dass sie ein wenig Angst vor Pferden hatte.

Aber in diesem Moment hatte ich andere Dinge im Kopf. Ich genoss es, den kleinen Berg hoch zu reiten und dachte bei mir: »Na ja, ist gar nicht so schlecht.« Ich fand den Wald, die Strecke, den Duft der Bäume und Wiesen irgendwie romantisch. Seltsame Gefühle krochen in mir hoch, Kindheitserinnerungen, eine merkwürdige Vertrautheit mit der Situation. Eigentlich wollte ich von diesem Pferd gar nicht mehr absteigen, aber irgendwann musste ich es – und plötzlich war es zurück, das Pferdefieber von damals, das ich als Junge gespürt hatte. Doch diesmal war es nicht da, um einem Mädchen zu gefallen, diesmal war es da, weil es *mir* gefiel. Dieser Augenblick, in dem ich das Gefühl deutlich wahrnahm, war unbeschreiblich. Mir schoss nur noch ein Strom von Worten durch den Kopf: »Toll, toll, toll!«

Ich hatte gerade eine Beschriftungsfirma gegründet und eigentlich gar keine Zeit. Trotzdem spielte das Thema Pferd sowohl bei mir als auch bei meiner Frau eine immer größere Rolle. Es beschäftigte uns täglich und sorgte für jede Menge Gesprächsstoff. Bei mir liegen »Idee, Planung und Umsetzung« grundsätzlich sehr dicht beieinander. Kein Wunder, dass zwischen der Idee »Ich würde gerne wieder reiten« und dem Kauf unseres ersten Pferdes gerade mal zwei Monate vergingen. Mag sein, dass das auf manche übereilt wirkt. Aber für uns, die wir ein Ziel vor Augen hatten, dauerte es lange. Ich erklärte meiner Frau Sabine: »Wir reiten wieder. Und wenn wir reiten, dann Western. Schon aus Familientradition.« Von da an gab es am Küchentisch und unterwegs, beim Frühstück oder am Abend nur noch Gespräche über Pferde, Reiten, Rassen und dergleichen.

Mir fiel ein, dass sich mein Freund Günther mit Pferden beschäftigte. Ich wusste zwar nichts Genaues, denn es hatte mich bisher nicht interessiert. Er war Trainer, mehr war mir nicht bekannt. Bestimmt hatte er es mal erwähnt, aber ich konnte damit nichts anfangen. Wir entschlossen uns, ihn um Hilfe zu bitten. Er reagierte prompt und versprach uns sofort seine Unterstützung.

Sabine und ich stellten uns vor, das Westernreiten auf Schulpferden zu lernen. Aber Günther riet uns davon ab und bot uns an, auf seinem Pferd zu reiten. Sabine war sofort Feuer und Flamme. Sie nahm regelmäßig Reitstunden bei Günther. Es machte ihr großen Spaß. Er meinte, dass wir über kurz oder lang nicht daran vorbeikämen, ein eigenes Pferd zu kaufen. Am besten geeignet, so meinte er, wäre ein Haflinger. Die wären verhältnismäßig vielseitig und außerdem preiswert, wir würden also kein großes Risiko eingehen.

Inzwischen waren wir schon in einer großen Stallgemeinschaft in Neuerthofen integriert. Dort hielten wir uns fast jeden Tag auf und freundeten uns mit anderen Pferdebesitzern an. Wir hatten einen riesigen Spaß. Uns gefiel es, über Pferde zu ratschen, im Sommer lustige Grillabende zu verleben, bei denen alle Leute der Stallgemeinschaft zusammenkamen ... Wir hatten Stallgeruch geschnuppert und wollten mehr davon. Wenn ich heute so über die Gespräche nachdenke, über die Themen, über die wir uns damals stundenlang unterhielten ... Über vieles denke ich heute ganz anders.

Auch wenn ich es vielleicht nicht wahrhaben wollte, aber die Zeit auf der Ranch hatte mich geprägt. Ich hatte unbewusst eine Menge Pferdewissen von meinen Eltern mitbekommen.
In diesem Stall, in dem wir uns aufhielten, war ein Westerntrainer angestellt. Er prägte dort mit seiner rohen Einstellung Pferden gegenüber das Klima. Er hatte die absurde Meinung, dass Pferde keinen Schmerz spüren und erzählte gerne, wie strohdumm sie doch sind. Diese Ansichten teilten viele der Leute im Stall und das zeigte sich in ihrem Verhalten den Pferden gegenüber. Es färbte leider in gewisser Weise auch auf uns ab. Irgendwann nahmen wir das Geschwätz für bare Münze. Das war wie eine Art »Gruppenzwang«. Wir waren überzeugt davon, dass der Mann Ahnung hat, hinterfragten wenig und glaubten ihm einfach. Wir mussten erst einmal unsere eigenen Erfahrungen machen.

Alles, was ich heute während meiner Lehrgängen zu »bekämpfen« versuche, habe ich damals selber immer wieder eingetrichtert bekommen. Ich hatte es

geglaubt, es wurde mir vorgelebt, so musste es sein – eine Zeit lang zumindest. Auf Lehrgängen sage ich den Teilnehmern immer wieder, dass sie in gewissen Punkten ruhig anderer Meinung sein können als ich. Ich habe größtes Verständnis dafür, dass sich bei ihnen manche Dinge fest im Kopf verankert haben. Man hört etwas, denkt darüber nach und dann setzt man es um. Es ist ganz menschlich. Ich denke, das macht jeder so.

So erhält jeder seine Erstprägung und an der halten wir meist ziemlich lange fest, bis wir eines Besseren belehrt werden.

Meine Zweitprägung war also ein eher roher Umgang mit den Pferden. Der Trainer lebte es uns vor und wir machten es nach. Machte das Pferd einen Muckser, wurde ihm der Zügel oder Strick gegen die Brust geknallt. Teilweise strafte der Typ die Pferde mit deutlich härteren Mitteln, was für sie natürlich nicht nachvollziehbar war. Die Pferde reagierten aus Angst, nicht, weil sie etwas verstanden hatten. Heute, nach all den Jahren, für mich eine unglaubliche Erziehungsmethode.

In dieser Zeit wohnten wir noch in dem Haus meiner Großmutter in Kirchseeon. Es war früher eine Gaststätte, und wir hatten es in ein Sechs-Familien-haus umgebaut. In einer der Wohnungen lebten meine Frau, meine zwei Kinder und ich. Da uns der Pferdevirus so richtig erwischt hatte, störte es uns anfangs wenig, dass der Stall 20 Kilometer von unserem Wohnhaus entfernt lag.

Wie es das Schicksal wollte, wurde in dem Stall eine Box frei. Sabine machte sich voller Energie sofort auf die Suche nach einem Pferd und noch ehe das Jahr 1994 zu Ende ging, hatten wir unsere »Mira«.
Meine Frau kaufte sämtliche Zeitungen, in denen Pferde angeboten wurden. In einer Annonce wurde eine in Ebersberg stehende Haflingerstute vorgestellt. Die Beschreibung gefiel uns und wir schauten uns das Pferd sofort an. Mira stand in einem kleinen Stall, richtig idyllisch. Der Züchter führte sie uns vor und ließ sie anschließend auf der Koppel laufen. Mira zeigte sich von ihrer besten Seite: Sie buckelte und fetzte was das Zeug hielt. Immer wieder

galoppierte sie eindrucksvoll an uns vorbei. Sie trug ein dickes ledernes Halfter mit einem Edelweiß drauf … Sie gefiel uns auf Anhieb und wir waren uns sicher: »Die und kein anderes Pferd.« Vorerst!

Wir hatten keine Erfahrung im Pferdekauf und waren uns mit dem Züchter schnell einig. Wir bezahlten für Mira 2500 DM. Der Preis war für mich in Ordnung. Wir wollten Mira gleich mitnehmen, aber die Box in Neuorthofen war noch nicht frei. Daher blieb Mira noch eine Weile in ihrem alten Zuhause.

Nachdem sie dann bei uns war, machten wir all das, was an diesem Stall »Gesetz« war. Heute nenne ich das »Stallstrom«.

Wenn ich jetzt meine Schüler unterrichte, dann gebe ich ihnen immer den Rat: »Ihr müsst gegen den Strom schwimmen, denn nur so kommt Ihr an Euer Ziel.«

Mira hatte in Neuerthofen nur eine Innenbox. Das gefiel mir mit der Zeit nicht mehr und ich entschied mich kurzerhand, den Stall zu wechseln. Für mich stand schnell fest: »Boxenhaft« ist nichts für ein Pferd.

Im neuen Stall hatte sie nun neben ihrer Box eine wunderschöne, große Koppel. Auch mit den Leuten dort war es sehr harmonisch. Wir hatten jeden Tag ein gutes Gefühl, wenn wir nach Hause fuhren. Mira war auf dieser Anlage prima aufgehoben.

An einen Tag kann ich mich noch sehr gut erinnern. Ich fuhr mit meiner Familie zum Stall, dort angekommen sagte ich zu Sabine: »Auf geht's, hol mal Dein Pferd.« Doch Sabine überraschte mich mit einem: »Nein, ich trau mich nicht!« Schnell entwickelte sich zwischen uns ein kleines Wortgefecht. »Was soll jetzt der Blödsinn, geh jetzt bitte und hol Dein Pferd«, forderte ich sie auf. Sabine blieb aber hartnäckig: »Nein, mach ich nicht. Sie ist mir einfach zu wild.« »Na Bravo!«, schrie ich mit hochrotem Kopf, ging zur Koppel und holte Mira schließlich selbst heraus. Ich gab auf, nachdem wir schon mindestens fünf Minuten diskutiert hatten.

In diesem Moment war mein kleiner Plan in sich zusammengebrochen. Da ich meine Firma gerade neu gegründet hatte und die Selbstständigkeit sehr viel Zeit verschlang, hatte ich es mir so schön vorgestellt: eine nette Stallge-

meinschaft, ein Pferd und meine Frau ist beschäftigt, während ich die Brötchen verdienen gehe. Also wäre es nicht schlimm, wenn ich mal den einen oder anderen Tag später nach Hause kommen würde. Ich hatte aber die Rechnung ohne Frau Wirtin gemacht.

Mira war erst dreieinhalb Jahre alt. Sie war zwar sehr ungehobelt, aber doch unheimlich liebenswert. Mit ihr ist noch nicht gearbeitet worden, also habe ich nicht viel von ihr erwartet. Das wäre auch falsch gewesen. Eigentlich war es sehr lustig, sie so zu sehen. Doch mir wurde sehr schnell klar, dass es so nicht lange weitergehen konnte. Also fuhr ich in den nächsten Buchladen und besorgte mir mein erstes Pferdebuch: »Bodenarbeit mit Pferden« von Kerstin Diacont. An nur zwei Abenden hatte ich das Buch gelesen. Ich begann gleich, mit meiner Mira nach den Vorschlägen der Autorin zu arbeiten. Ich entwickelte in den ersten zwei, drei Tagen eine direkte Sucht, ich hatte ein Verlangen danach, mit Mira zu trainieren.

Wenn ich im Außendienst war, fuhr ich einige Male am Tag bei Mira vorbei und holte sie aus ihrer Box oder von der Koppel. Wir übten dann ein paar Einheiten und kurz darauf fuhr ich schweren Herzens wieder. In dieser Phase hätte ich lieber viel mehr Zeit bei Mira verbracht, als zur Arbeit zu gehen.

Mich faszinierte es total, mit dem Pferd zu arbeiten und ihre Fortschritte zu sehen. Ich war vom Pferdevirus vollkommen infiziert und ich fühlte mich verantwortlich, dass der Umgang mit Mira einfacher wurde.

Mir wurde zudem klar, dass Sabine generell nicht viel mit Pferden machen würde. Obwohl sich bei ihr ein unglaublicher Horse-Sense entwickelt hatte, was so viel heißt wie: Sabine hat einfach das richtige Händchen für Pferde, sie reitet zwar nicht, aber alles drum herum beherrscht sie perfekt.

Ein paar Monate später wechselten wir noch einmal den Stall und gingen Richtung Neuorthofen. Ein kleiner, privater Betrieb mit nur etwa 15 Einstellern. Auch hier fühlten wir uns sehr wohl. Dort waren mehrere Reiterinnen, die sich sofort bereit erklärten, mir ein paar Tipps zu geben – ich nahm sie dankend an.

Was ich nie vergessen werde, ist der Tag, an dem wir Mira anritten. Wir versuchten es zumindest. Eine Reiterin aus dem Stall, Susanne, stieg mutig auf. Und was machte sie? Sie zog Susanne den ganzen Reitplatz entlang.
An diesem Tag entschied ich mich, doch lieber die Hilfe eines Profis anzunehmen und gab Mira in die Obhut eines Trainers, den ich auch schon länger kannte. Ich hatte eigentlich ein gutes Gefühl dabei. Doch es kam leider anders, ihre Ausbildung ging total daneben. Für mich war das damals ein echter Vertrauensmissbrauch, was dieser Trainer mit meinem Pferd machte. Wir kannten uns schon lange und er lieferte eine Arbeit ab, mit der ich überhaupt nicht zufrieden sein konnte.

Mira stand in diesem Ausbildungsbetrieb schon sechs Wochen, als wir sie das erste Mal besuchten. Sie war total verängstigt und traute sich kaum einen Mucks zu machen. So kannten wir unser Pferd nicht. Ich fragte mich in dem Stall ein wenig durch, denn ich wollte wissen, was mit meinem Pferd los war. Viel erfahren hatte ich nicht. Wir ließen sie dort, in der Hoffnung, dass sie nur einen schlechten Tag hatte.

Ein paar Tage nach unserem Besuch rief mich der Trainer an und sagte mir, dass ich nun kommen könne, Mira sei soweit und reitbar. Voller Hoffnung und unhaltbarer Vorfreude fuhren wir am selben Nachmittag dort hin.
Tina, eine erfahrene Reiterin aus unserem Stall, kam mit. Sie sollte sich erst einmal auf Mira setzen. Wir machten Mira fertig und gingen mit ihr auf den Reitplatz. Was uns wunderte war die große Menschentraube, die sich um den Platz versammelt hatte.
Keiner unserer Zuschauer hatte den Mumm, uns von unserem Vorhaben abzuhalten. Stattdessen schauten sie gespannt zu und warteten ab. Ich ärgere mich über das Verhalten noch heute.
Es kam, wie es kommen musste. Tina versuchte aufzusteigen. Sie saß noch nicht einmal richtig im Sattel, da schoss Mira schon wie eine Rakete ab.

Ich war geschockt. Es dauerte keine halbe Stunde, da war Miras Heimtransport vorbereitet. Ich organisierte einen Hänger und brachte sie wieder in den heimatlichen Stall zurück. Wir konnten in ihrem Gesicht echte Erleichterung erkennen.

Mit dem Trainer gab es natürlich noch Streit, denn er wollte für die Arbeit, die er abgeliefert hatte, jede Menge Geld. Eigentlich ist es nicht Wert, darüber auch nur ein Wort zu verlieren ... Es war uns einfach nur wichtig, dass Mira wieder in ihrer gewohnten Umgebung und damit bei uns war.

In der nächsten Zeit war für unseren Hafi erst einmal ganz viel Ruhe angesagt. Wir waren uns sicher, dass sie sich nun von ihren Strapazen erholen musste. Tina und Susanne halfen uns dann, Mira einzureiten. Letztlich war das auf unserer ruhigen Anlage, mit dem passenden Umgang und der passenden Atmosphäre ziemlich unkompliziert. Wir konnten auch schnell unsere ersten Erfolge feiern. Nach wenigen Tagen ging die Stute mit uns verlässlich ins Gelände.

Für mich war ab diesem Moment klar, dass jemand, der sich Trainer nennt, noch lange kein Trainer sein muss. Wenn jemand so unprofessionell mit Pferden arbeitet, dann kann ich es selber machen, das war meine Erkenntnis. Also begann ich, mit Mira selbstständig weiterzuarbeiten. Es funktionierte super. Aber ich muss zugeben, wir trainierten sehr intensiv und viel.

Ein Jahr später kam der Tag, an dem fast alle aus unserem Stall an einem großen Western-Turnier teilnehmen wollten. Zum Erstaunen aller traute ich mir auch zu, dort mitzureiten. Im Stall machte sich erst Fassungslosigkeit und dann Gelächter breit. Wahrscheinlich dachten alle: »Jetzt ist der Geitner total durchgedreht. Der reitet seine Mira seit einem Jahr, das Pferd kann noch nicht viel und dann so etwas ...« Ich glaube, ich habe schon immer gerne Dinge getan, die andere nicht unbedingt nachvollziehen können. Oft musste ich schon mit Kritik umgehen und hören: »Das funktioniert nie.« Aber hinterher ging es dann doch ...

Schneller als gedacht stand das Turnier in Bodenkirchen vor der Tür. Ich meldete die Disziplinen Pleasure, Horsemanship und Reining. Sabine, eine Stallkollegin, die auch einen Haflinger ritt, war zuerst dran. Mira trottete brav hinter ihr her in die Arena, denn auf der Weide machte sie das ja auch so. Auch mein Zerren und Schreien brachte sie nicht zum Nachdenken. Mira dachte wahrscheinlich: »Was ich entscheide ist richtig.« Oberpeinlich! Irgendwie habe ich sie dann wieder davon überzeugen können, in Richtung Hänger zurückzugehen (Haflingerverknüpfung: Hänger – nach Hause – fressen = genehmigt).

Nach zwei weiteren Startern waren wir dann endlich dran. Also wieder umgedreht und in die Arena. In der Pleasure war Mira auf der dritten Spur im Renngalopp unterwegs, daher flogen wir aus der Prüfung. Später in der Horsemanship waren ungezählt viele Starter unterwegs. Es war eine mit Pannels eingezäunte Arena und einem Tor zum Reingehen.
Man musste im Galopp einreiten, auf dem Punkt anhalten, das Pferd drei Schritte rückwärtsgehen lassen sowie auf dem Zirkel links- und rechtsrum galoppieren. So ungefähr lautete die Aufgabe. Ich sagte nur zu Mira »schnalz«, Mira galoppierte an, mich haute es im Sattel nach hinten, das Publikum inklusive des Richters hielt die Luft an. Dann fiel ich wieder nach vorne und hielt Mira mit einem »Whoa« auf dem Punkt an. Dafür erhielten wir einen tosenden Applaus. Es war toll gelaufen und wir kamen ins Finale! Zum Schluss war ich unter den ersten 15 Platzierten. Der Sensationserfolg war perfekt. Alle bestätigten mir, dass sie das nicht erwartet hatten. Ich hatte Blut geleckt ...

Ich wollte mich unbedingt weiterentwickeln. Zu dieser Zeit lernte ich Robert Greska kennen. Wir verstanden uns von Anfang an sehr gut. Wir telefonierten jeden Tag und redeten über Pferde. Robert zeigte mir die besten Kniffe. Er hatte zu der Zeit schon reichlich Turniererfahrung gesammelt. Robert hatte das Reiten in einer klassischen Reitschule gelernt und war dann später zum Westernreiten gekommen. Er nahm regelmäßig mit dem Pferd Sindy an Reining-Prüfungen in den Appaloosa-Klassen teil. Diese Klassen waren da-

mals sehr dünn besetzt und Robert sammelte dadurch massig Schleifen.

Er gab mir dann auch Reitunterricht, was für mich eine ganz interessante Geschichte war. Wir ärgerten uns gegenseitig und faxten herum. Aus Spaß sagte ich immer wieder zu ihm: »Michael Geitner, Finalist, Horsemanship, Bodenkirchen.« Wir begannen dann tatsächlich gemeinsam für die Reining-Prüfung zu trainieren.

Was mich nach wie vor in dieser Zeit nervte, war der »Stallstrom«. Die Gaffer, die an der Bande standen, gescheit daherredeten und alles besser wussten. Egal, was ich machte, immer wieder meinte jemand, meine Entscheidungen kommentieren zu müssen. Dabei wollte ich einfach nur mit Mira an Western-Turniere teilnehmen.

In dem Moment, in dem Du etwas anders machst, in dem Du etwas veränderst, wird es immer Leute geben, die Probleme damit haben. Diese Erfahrung habe ich damals gemacht und diese Erfahrung machen zum Teil auch meine Kursteilnehmer. Sobald man mit seinem Tun Erfolg hat, dann tut sich das Umfeld schwer damit. Denn letztlich wären sie nun an der Reihe, aktiv zu werden, wenn sie etwas verändern möchten. Und Veränderungen bedeuten häufig »Stress«.

Für mich war klar, dass ich etwas tun musste, um besser zu werden. Ich war in dieser Zeit um 5 Uhr morgens im Stall und trainierte mit Mira. Danach ging es nach Hause zum Frühstück und dann ab in die Firma. Auf dem Weg dahin, setzte ich meist noch unsere Kinder im Kindergarten ab.

Ich machte damals alles nach Gefühl ... Aus heutiger Sicht muss ich sagen, dass es falsch war, wie streng ich mein Training durchzog.

Ich versuchte immer, innovativ zu sein und arbeitete mit viel Gefühl. Dabei war ich mit mir selbst megastreng. Ich war sehr ehrgeizig. Mein Lehrpferd Mira hatte viel dazu beigetragen. Sie hatte mich gelehrt, dass sich Erfolg nur über Kontinuität einstellt.

Eines Tages fragte mich Robert, ob ich nicht Lust hätte, mit ihm zu einem neuen kanadischen Trainer nach Niederbayern zu fahren, um bei ihm eine

Trainingswoche zu verleben. Ich sagte sofort zu. Es ging zu Morey Fisk, einem jungen, sehr motivierten Trainer.

Morey war derjenige, der mir den ersten Schub in die richtige Richtung gab. Mira machte es mir im Training oft nicht leicht und brach mir gerne an den offenen Zirkelseiten aus. Ich beschrieb Morey das Problem und erzählte ihm auch, dass ich schon einige Kurse belegt hatte. Meist hatte ich von diesen Kursen nicht allzu viel mitgenommen. Die Kommentare der Reitlehrer lauteten: »Du sitzt schief, du knickst in der Hüfte ein, Deine Zügelführung ist schlecht.« Wenn sie gar nicht mehr weiter wussten, dann sagten sie: »Mira ist eben ein harter Brocken.«

Doch Morey war anders. Er schaute mir kurz zu und sagte dann: »Du kannst nicht auf dem Zirkel galoppieren, weil Du den Zirkel nicht einmal im Schritt reiten kannst.«
Er malte mir einen korrekten Zirkel im Sand auf und auf dieser Linie musste ich dann reiten. Am ersten Tag nur im Schritt, am zweiten durfte ich es dann im Trab versuchen. Das war unheimlich schwer für mich. Ich war nicht gerade gut gelaunt, da die anderen im Kurs bereits Stops und Rollbacks übten. Nur der Geitner latschte mit seinem Hafi noch im Kreis!
Am dritten Tag setzte sich Morey auf Mira und galoppierte mir auf Anhieb einen perfekten Zirkel vor. Er triumphierte nicht zu Unrecht: »Schau, jetzt haben wir es!« Dann setzte ich mich drauf und ritt mit ihr einen einwandfreien Zirkel. Die Lektion saß, der Zirkel war rund.

Nach der Woche bei Morey ging es eigentlich erst richtig los. Auf dem Weg zurück nach Wallersdorf sagte ich beiläufig zu Robert: »Irgendwann machen wir zusammen mal einen eigenen Stall auf.« Er war sofort begeistert. Somit war wieder eine Idee geboren. Das Ganze war im Frühjahr 1995. Zu Hause angekommen, erzählte ich Sabine von der Idee. Auch sie meinte, dass das eine klasse Sache wäre.
Am nächsten Tag wälzte Sabine sofort Zeitungen. Irgendwann drei oder vier Wochen später setzten wird selbst eine Anzeige ins »Landwirtschaftliche

Blatt«. Unser Text von damals: Suche Stallungen und Pachtflächen. Kurz nach Erscheinen des Blattes klingelte auch schon das Telefon. Ein Mann bot uns eine landwirtschaftliche Anlage in Assling an. Das war gerade mal 20 Kilometer von uns weg. Natürlich fuhren wir gleich dort hin. Beim Anblick des Anwesens traf uns fast der Schlag. Es war in einem miserablen Zustand. Ein unvorstellbarer Saustall! In den Ställen lag der Schafmist rund einen Meter hoch. Dennoch begannen wir, mit dem Besitzer über den Preis zu verhandeln. Letztendlich machte er uns ein so günstiges Angebot, dass wir zusagten. Wir waren überzeugt davon, dass wir etwas daraus machen konnten. Wir fackelten also nicht lange und wurden stolze Pächter unseres ersten eigenen Hofes.

Begeistert erzählte ich Robert von unserem Schnäppchen: 300,- Mark im Monat und es hat Platz für acht Pferde. Dazu zwei Hektar Grund. Ein traumhafter Hof. Die Hinterlassenschaften der Schafe, die dort auf uns warteten, verschwieg ich aus taktischen Gründen erst einmal. Doch ich merkte schnell, dass Robert nicht so recht zu begeistern war. Ganz vorbei war es mit seiner Begeisterung, als ich ihm den Hof zeigte. Für ihn gehörten zu einem Stall ein Reitplatz, eine Reithalle und gepflegte, gepflasterte Wege. Wir standen vor dem Gegenteil: ein Stall mit zugewachsenen Fenstern und morschen Balken, keine Halle weit und breit und von den Hinterlassenschaften der Schafe möchte ich hier gar nicht mehr anfangen ... Robert war aber ein Ehrenmensch und versprach uns zu helfen.

Am ersten Samstag versuchten mein Schwiegervater und ich, den Stall zu säubern. Ich glaube, wir schafften an diesem Tag rund zwei Meter. Nur, dass man sich mal eine Vorstellung davon machen kann, wie viel Mist sich dort angesammelt hatte.
Am nächsten Samstag kam Robert dazu. Er war nach kurzer Zeit so wütend, dass er wie eine Maschine arbeitete. Ich kam mit meinem Schubkarren kaum hinterher. Wir schafften an diesem Wochenende rund drei viertel des Stalles vom Mist zu befreien. Am darauf folgenden Samstag holten wir den restlichen Schafmist raus.

Der Bauer stellte uns Holz zur Verfügung, aus dem wir die Boxen bauen konnten. Wir verlegten zudem neue Wasserleitungen für Tränken und bauten einen Raum in ein gemütliches Stüberl um. Wir kamen recht zügig voran. Nach ungefähr drei Monaten hatten wir alles soweit hergerichtet. Als dann auch die Koppeln fertig waren, zogen wir mit den Pferden um. Wir hatten ja jetzt viel Platz und wollten nur wenige Boxen unbesetzt lassen. Zu Mira kam Shady dazu, eine Quarterhorse-Absetzerstute. Und kurz vor unserem Umzug kauften wird noch Shorty, ein kleines Pony, das eigentlich für unsere Kinder gedacht war. Shorty war ein Mitleidskauf. Wir waren uns aber sicher, dass wir ihn hinkriegen …

Robert kam dann erst zwei Monate später nach. Rückblickend muss ich sagen, war es eine sehr, sehr schöne Zeit. Es war ruhig dort und ein Paradies für die Pferde. Robert und ich wechselten uns mit den Früh- und Abenddiensten ab. Sabine kümmerte sich immer an den Nachmittagen um den Stall – manchmal zusammen mit ihrer Mutter, manchmal alleine. Das Einzige, was mir damals bei uns nicht so gut gefiel: Es war wenig los.

1996 war dann Robert und mein richtiges »ernstes« Turnierjahr. NQHA-Turniere, Reining der gehobenen Klasse. Robert auf Watchy und ich auf Mira. Slide-in in Freystadt: kein Platz, keine Chance, 60 Starter hintereinander. Gelandet bin ich irgendwo im unteren Mittelfeld. Aber: Mira und ich waren dem Publikum irgendwie sympathisch. Es hieß immer »jetzt kommen die zwei Dicken«. Gerichtet wurde von einem Amerikaner.
Ich traf ihn am zweiten Turniertag beim Frühstück. Ich grüßte ihn mit einem: »Good Morning.« Ich hörte, wie er zu seiner Frau sagte: »This is the man who rides the Haflinger, I told you.« Ich hatte zumindest Eindruck bei ihm hinterlassen. Er hatte sich das gemerkt. Ich war irgendwie stolz auf diese Aussage des Richters.

Plötzlich hatte ich das geschafft, was ich schaffen wollte. Für mein Umfeld war mein Haflinger ja indiskutabel … Es war davon überzeugt, dass wir nicht weiterkommen würden. Ich hatte ihm das Gegenteil bewiesen. Ich, der ich

mehr oder weniger ein Autodidakt war ... Dann war bei mir auf einmal die Motivation weg. Ich konnte mich nicht mehr dazu durchringen, mit Mira weiter zu trainieren. Es war irgendwie aus.

Wenige Monate später erschien in der Zeitschrift CAVALLO ein Artikel mit dem Titel: »POA – Beißen und treten ist für POAs tabu!« Es ging um die amerkanische Pferderasse Pony of the Americas (daher die Abkürzung). Die Pferde sehen aus wie kleine Quarterhorses. Sabine las den Artikel und sagte sofort: »So ein Pferd hätte ich gerne!«
Am selben Abend telefonierte ich mit Amerika. So lernte ich Gene Carr kennen. Er ist der Züchter, bei dem wir später unsere Bouncy kauften. Ich muss mich verbessern: Er ist ein ganz großer amerikanischer Züchter. Er ist Richter und dazu noch ein äußerst anerkannter Horseman in Amerika. Gene hatte zusammen mit Robert E. Lapp die Farbgene bei den Appaloosas entschlüsselt.

Eines Abends hatte ich eine Nachricht von Gene Carr auf meinem Anrufbeantworter: »Hello, this is Gene Carr«, ich habe diesen Satz heute noch in meinem Ohr. Sofort entwickelte sich ein guter Kontakt zwischen uns und wir schickten Fotos über den Ozean hin und her. Kurze Zeit später importierten wir dann die Stute Bouncy.

Kurz darauf erschien in einer Pferdezeitschrift ein Artikel über mich und die POAs. Ich galt als der erste deutsche Züchter, der ein POA aus Amerika importiert hatte. Das war der erste Schritt, dass eine breitere Öffentlichkeit meinen Namen hörte. Bald wurde mir nachgesagt, ich hätte ein Händchen für schwierige Pferde.
Irgendwann hatte mir meine Mutter ein Buch von Monty Roberts geschenkt, das war ungefähr im Frühjahr 1998. Ich war von dem Buch – wie viele andere auch – fasziniert. Ich baute mir für die Arbeit mit unserem Pferd Shady, die sehr schwierig war, ein eigenes Roundpen. Ich steckte es einfach mit Seilen ab und versuchte das Join up. Ich hielt mich an die Beschreibungen des Autors. Und es klappte!

Shady lief mir hinterher und war plötzlich ein ganz anderes Pferd. Der Tierarzt konnte sie ohne Probleme behandeln, das war bei ihr vorher undenkbar. Es war ein richtiger Überraschungserfolg. Ich nahm wieder Kontakt zu der Redaktion der Pferdezeitschrift auf, erzählte der Redakteurin von meinem »Join up-Versuch« und was ich sonst so unternahm.

Als der Film »Der Pferdeflüsterer« in die Kinos kam, das war im September 1998, bekam ich einen Anruf von der Abendzeitung München. Sie suchten einen Interviewpartner zum Thema »Pferdeflüstern«. Am selben Abend kam der Redakteur noch zu uns und dann ging der Wahnsinn los ...
In der Münchner Abendzeitung erschien der Artikel »Mit Poesie statt Peitsche«. Das Telefon stand bei uns nicht mehr still. Kurze Zeit später tauchte ein Fernsehteam auf unserem Hof auf, das sich die Rechte sicherte, das Radio folgte nach. Neugierige kamen vorbei – das alles auf unserem kleinen Gelände. Und ich mittendrin und der felsenfesten Überzeugung, dass ich der neue deutsche Pferdeflüsterer war! Die totale Fehleinschätzung.

Die Geschichte ging weiter: Das Fernsehteam filmte und filmte. Mir wurde angeboten, nach Kalifornien zu fliegen, um mein »Vorbild« Monty Roberts persönlich kennen zu lernen. Schnell wurde mit Monty ein Termin vereinbart. Doch dann erhielt ich ein Fax, in dem mir mitgeteilt wurde, dass sich die Redaktion anders entschieden hatte. Das Fernsehteam brach die Dreharbeiten ab. Genauso schnell, wie sie über uns gekommen waren, genauso schnell waren sie auch wieder verschwunden.
Heute bin ich froh darüber, denn die Story wäre für mich zu einem falschen Zeitpunkt gekommen. Ich hatte mich damals natürlich geärgert und war auch maßlos enttäuscht. Ich schrieb Monty Roberts und bedankte mich bei ihm für die Möglichkeit, die er mir geben wollte. Ich erklärte ihm, dass das Filmteam leider seine Dreharbeiten abgebrochen hatte.
Dann passierte das Unfassbare: Monty wandte sich an eine Pferdezeitschrift und erklärte, er würde mich gerne kennen lernen! Ohne Umschweife arrangierte die Redaktion ein Treffen mit ihm in Verden. Monty war sehr freundlich, nett und charismatisch. Er schrieb mir eine eindrucksvolle Widmung in sein

Buch. Ich hatte das Buch natürlich zu unserem Treffen mitgenommen.

Es kam noch besser: Im Verlauf des Tages ließ er den Satz fallen: »Mike, Du könntest mir ja in Deutschland helfen.« Dann kam noch Phillip Rusche ins Spiel, der damalige PR-Chef des Gestüts Fährhof in Bremen, der später als Tourmanager für Monty Roberts arbeitete.

Zu Hause hatte es sich zwischenzeitlich der blanke Wahnsinn gemütlich gemacht: Als die Pferdezeitschrift CAVALLO titelte »Michael Geitner – Montys größter Fan« gab es keinen Abend, an dem ich vor Mitternacht ins Bett kam. Ich hatte in dieser Zeit eine gute Gelegenheit, mir einen Einblick in die Pferdeszene zu verschaffen. Unfassbar, was die Leute für Probleme mit ihren Pferden hatten.

Plötzlich war ich mittendrin im Auge des Sturms. Philipp Rusche, Monty Roberts und der ganze Clan gaben sich an meinem Telefon ein Stelldichein. In der Hauptsache ging es bei den Besprechungen um die Planung der ersten Monty-Roberts-Deutschland-Tour.

Es gab etwas später noch ein zweites Treffen auf der Flachsberg Ranch in Bremen bei Kai Wienrich. Dort trafen dann Sabine Husung vom Monty-Roberts-Fan-Club sowie Andrea Kutsch und Kiki Kaltwasser, mit der ich bereits öfter telefoniert hatte, aufeinander. Wir waren Montys Deutschland-Team und sollten ihn auf seiner Tour 1999 durch Europa begleiten.

Irgendetwas in mir sträubte sich jedoch so langsam gegen alles, was dort verlangt wurde. Das Ganze gipfelte dann auf der Vorstellung in München, als ich nach der Show auf dem Parkplatz mithalf, die Pferde meiner Kunden zu verladen, was vom Management nicht geduldet wurde. Da war es vorbei für mich. Ich stieg aus dem Team aus.

Ich bin in der Nachbetrachtung froh, dass ich diese Erfahrungen machen durfte. Die Sache führte dazu, dass ich mich relativ früh auf meine eigenen Beine stellen musste.

Auf keinen Fall möchte ich die Erfahrungen missen, weder die positiven noch die negativen. Schlussstrich unter die Geschichte.

3. Meine eigene Welt

Zwischenzeitlich schrieben wir das Jahr 2000. Ich trainierte Reiter und Pferde und gab Kurse. Wichtig war mir ein konsequenter Umgang mit den Pferden. Irgendwann fiel in einem Gespräch der Ausdruck »Be strict«. Er wurde zum Begriff für meine Methode. Bei »Be strict« ist es wichtig, das Pferd immer wieder zum Aufpassen zu bewegen. In Übungen wird es zu seinem Menschen »hergeholt«. Dem Pferd soll dabei klargemacht werden, dass es sich um nichts anderes zu kümmern braucht.

Ich schrieb 2001 alle meine Ideen nieder und mein erstes Buch »Be strict – Denken wie ein Pferd« erstand. Ich arbeitete unter anderem mit Hilfe der Desensibilisierung, mein Trainingsmittel war der Raschelsack.
Zu diesem Zeitpunkt hatte ich viele sehr schwierige Pferde im Training. Sie machten meist relativ schnell gute Fortschritte und die Besitzer waren zufrieden. Sie konnten in der Regel eine positive Veränderung bei ihren Pferden erkennen und selbstständig mit ihnen weiterarbeiten.
Als dann eine Redakteurin einer Pferdezeitschrift einen Kurs bei mir besuchte und richtig begeistert darüber schrieb, explodierte die Nachfrage nach Kursen regelrecht.

Ich machte mich an mein zweites Buch – »Be strict im Sattel«. Meine Kurse hatte ich mittlerweile in Zwei-Tages-Kurse ausgeweitet. Die Reitübungen wurden ein wesentlicher Bestandteil. Die Kursteilnehmer sollten am Ende eines Kurses dazu in der Lage sein, mit ihren Pferden sowohl am Boden als auch unter dem Sattel Tempowechsel durchzusetzen. Ich erkannte, dass das Training mit wiederholten Tempowechseln unheimlich gut funktionierte. Die Pferde beruhigten sich sehr schnell.

Durch die Positionsarbeit, die ich später noch beschreiben werde, weiß ich, dass die Position im Sattel überwiegend dadurch bestimmt wird, wer von beiden, also Pferd oder Reiter, das Tempo bestimmt. Deshalb waren diese einfachen Übungen in den »Be strict«-Kursen auch so effektiv. Pferde mer-

ken ganz genau, ob sie von der Führperson oder dem Reiter geführt werden. Geführt zu werden, bedeutet für sie Sicherheit. Derjenige, der Richtung und Tempo bestimmt, der führt.

Ich war fasziniert davon, mit wie wenig Aufwand man ein so gutes Trainingsergebnis erreichen kann. Es verwunderte mich daher immer mehr, warum manche so ein großes Brimborium um die einfachsten Dinge bei der Arbeit mit Pferden machten.

So gut es mit den Pferden lief, so schwierig war es manches Mal mit den Menschen. Gerade in den Jahren 2001 bis 2003 musste ich oft gegen viele Widerstände ankämpfen. Der Name Monty Roberts verfolgte mich. Viele dachten wahrscheinlich, dass ich eine Art Schüler von ihm war. Ich musste mich regelrecht »freischwimmen«.
Ich bekam damals für meine Arbeit kaum Anerkennung von Leuten, die in der Reiterei einen Namen oder etwas zu sagen hatten.

Mit der Dual-Aktivierung änderte sich das dann schlagartig. Auslöser für die Dual-Aktivierung war damals die Stute Anastasia, die ich im Training hatte. Sie bemühte sich eine Fahne, die sich rechts hinter ihr befand, genauer zu betrachten. Ich ging von der Erkenntnis aus, dass Pferde monokular sehen und dass sie ein Auge immer bewusst stärker einsetzen als das andere. Das wollte ich ändern.

Natürlich wurde mit der Dual-Aktivierung nichts Neues im Training von Pferden eingeführt. Jedoch hatte bisher keiner ein solches Konzept mit speziellen Übungen ausgearbeitet, wie ich. Dass die Dual-Aktivierung zu einem solch erfolgreichen Trainingskonzept würde, hatten weder ich, noch alle, die daran mit beteiligt waren, erwartet.

Einige glaubten, dass ich mir die Dual-Aktivierung am Reißbrett ausgedacht hatte. Das war natürlich nicht der Fall. Am Anfang stand eine Literaturreche, die wir bei der Uni München in Auftrag gegeben hatten. Wir wollten wissen, ob es etwas Verwertbares über die Gehirnfunktionen von Pferden gab. Heraus kamen die Ergebnisse der Farbforschung, die Grundlage für die blauen und gelben Balken, mit denen wir bei der Dual-Aktivierung heute arbeiten. Danach entwickelte sich alles Stück für Stück.

Wir erstellten erst einmal die gerittenen Übungen. Elemente daraus stammen aus der klassischen Reiterei. Wir wollten zum Beispiel unbedingt Quadratvolten mit hineinbringen.

Danach überlegten wir, wie wir die Gassen sinnvoll einbinden konnten. Es entstand die Idee, durch die Gassen zu reiten. Anfangs verwendeten wir Holzstangen, dann kamen die Farben hinzu und später Stück für Stück die einzelnen Übungen sowie die Elemente aus Plastik.

Die Übungen wurden von uns getestet und für gut befunden. Wir stellten immer wieder fest, wie gut den Pferden die verschiedenen Kombinationen taten. Viele Reiter merkten, dass es für sie auf einmal leichter war, eine Quadratvolte oder eine Halbe-Volte-Gerade zu reiten, weil sie ein Leitsystem am Boden hatten.

Die Dual-Aktivierung steht auf drei Säulen: 1. Säule – die Farben und die Gassen, 2. Säule – die Art der Übungen und 3. Säule – die Konzentration des Reiters oder Longenführers. Wer sich bei der Dual-Aktivierung nicht konzentriert, wird nicht durch die Gassen kommen. Letztlich wird er nie da hinkommen, wo er hinkommen möchte.

Ich bin nach wie vor der festen Überzeugung, dass genau das der springende Punkt bei vielen Pferd-Mensch-Kombinationen ist: Pferde hören zu, wenn sie merken, dass der Mensch, der auf ihnen sitzt, auch zuhört und aufpasst. Das ist meiner Meinung nach einer der ganz großen Haken bei der Arbeit vieler Reiter: sie konzentrieren sich nicht und vermitteln dem Pferd zu wenig, dass es ihnen wichtig ist, was sie tun.

Im Laufe der Zeit interessierten sich immer mehr klassisch reitende Persönlichkeiten für die Dual-Aktivierung. Darunter waren Dr. Matthias Baumann,

der bekannte Tierarzt und Olympiateilnehmer aus München. Desmond O'Brien, ehemaliger Sattlermeister der Spanischen Hofreitschule zu Wien. Joel Kinnen, erfolgreiche Dressurreiterin aus Luxemburg. Dr. Diether Pohlheim aus Österreich, Bundesreferent für Ausbildung im Bundesfachverband für Reiten und Fahren in Österreich (FENA). Volker Eubel, Dressurausbilder bis Grand Prix. Die bekannte schweizer Dressurreiterin Christine Stückelberger hatte ebenfalls vollkommen überraschend in einem Interview in einer großen Pferdezeitschrift erklärt, dass sie die Dual-Aktivierung für eine sehr gute Sache hält, ohne dass wir jemals Kontakt hatten. Auch der Islandpferde-Reiter Tommy Schwörer-Haag äußerte sich positiv. Er setzt die Dual-Aktivierung im Training seiner Pferde gerne ein.

Ich konnte mich nur weiterentwickeln, weil all die Leute, mit denen ich zusammenarbeitete, mehr mitbrachten, als sie mitnehmen konnten! Vor allem in den letzten drei Jahren habe ich enorm viel dazugelernt. Durch diese wunderbaren Menschen bekam ich unbezahlbare »Fortbildungen«, quasi frei Haus. Durch Kurse wäre das gar nicht möglich gewesen. Meist waren die Ausbilder für drei, vier Tage bei mir auf der Anlage, an den Abenden unterhielten wir uns und sie erzählten von ihren persönlichen Erfahrungen. Sie plauderten aus dem Nähkästchen. Dabei hatte ich die Möglichkeit, weiter zu lernen und immer Neues zu erfahren. Das war unheimlich spannend.

Um mich dahin zu bringen, wo ich heute stehe, haben mich sicher auch verschiedene Bücher geprägt. »Seabiscuit. Mit dem Willen zum Erfolg« hatte mich besonders beeindruckt. Der Hengst, dessen Rennkarriere nicht sehr vielversprechend begann, wurde zum erfolgreichsten Rennpferd seiner Zeit und zu einem Symbol der Hoffnung für viele Amerikaner. Vor allen Dingen gefiel mir Tom Smith, einer der Hauptakteure. Ein Mensch, der immer gegen den Strom schwamm. Er machte quasi alles anders ... Er hatte großen Erfolg, weil er immer beharrlich an einer Sache dran blieb.

Beeindruckt hatte mich natürlich auch Monty Roberts Buch »Der mit den Pferden spricht«, gar keine Frage.

»Winning Feeling. Positiv Denken, erfolgreich reiten« von Jane Savoie war für mich wie eine Offenbarung. Ich erwähne es heute sehr gerne auf meinen Lehrgängen. Ein Buch muss mich packen und meinen Nerv treffen. Insgesamt habe ich wenig Reitlehren, wenige der alten Klassiker gelesen.

Vor zwei, drei Jahren, die Dual-Aktivierung stand noch ganz am Anfang, war ich mit meiner Familie in Rust im Europa-Park. Wir sahen uns eine »Stuntshow« an. Die Stuntmen galoppierten mit ihren Pferden und warfen sich mit vollem Gewicht auf die Seite. Leicht waren die Burschen nicht, sie hatten ordentliche Muskeln. Ich saß genau am Ausgang und sah, wie diese Pferde trotz der Bewegung ihrer Reiter kerzengerade weiterliefen. Das war unglaublich. In meinen ersten Reitstunden wurde mir immer erzählt, dass das Pferd nicht gerade läuft, weil ich in der Hüfte einknicke.
Heute mache ich meinen Schülern klar: Sitzen lernen ist wichtig. Es ist aber viel, viel leichter, wenn das Pferd erst einmal geradeaus laufen kann. Pferde können so viel kompensieren. Ich denke, dass das auch den Erfolg der Dual-Aktivierung ausmacht. Ich korrigiere den Reiter nicht ständig und sage ihm auch nicht fortwährend, was er alles falsch macht.

Es muss mit positiver Verstärkung gearbeitet werden. Der Schüler sollte viel gelobt und ständig motiviert werden. Es muss ihm vor allem auch Zeit gelassen werden, Dinge zu erspüren. Wenn man als Reitlehrer den Schüler ständig »zutextet«, dann bleibt für ihn kaum Zeit für das »Fühlen«. Und gerade das Fühlen halte ich für so wichtig.

In der Dual-Aktivierung geht es auch darum, dem Pferd ein neues Bewegungsmuster beizubringen. Ich hatte einen Artikel gelesen mit dem Titel »Gehschule für Fußballprofis«. Dort wurde festgehalten, dass Fußballprofis, die falsch gehen, dadurch auch falsch laufen. Wenn sie falsch laufen, benötigen sie zu viel Energie und machen zudem ihre Gelenke kaputt. Eigentlich ganz logisch.
Überträgt man das auf die Rennpferde, lässt sich erahnen, wie viele Zehntelsekunden man herausschlagen könnte, wenn ein Pferd »richtig« läuft. Im

Prinzip setzen wir in der Dual-Aktivierung genau da an. Stellen Sie sich vor, wie viele Meter ein Rennpferd an Boden gutmachen kann, wenn es auf einer langen Geraden gescheit geradeaus läuft.

Ich bin der felsenfesten Überzeugung, dass ein Pferd, an dessen Körperbewusstsein gearbeitet wurde, sich nicht selber weh tut. Es spürt dann, dass diese oder jene Bewegung ihm nicht gut tut und falsch ist.

Ich denke auch, dass mein eigenes »schlampiges Gangwerk« einfach damit zu erklären ist, dass ich kaum Körperbewusstsein habe. Menschen, die es haben, ernähren sich bewusst, haben andere Schlafrituale und leben ganz anders. Sie nehmen alles um sich herum viel deutlicher wahr.

Bei mir kam diese Erkenntnis im September 2007. Ein guter Freund von mir sagt immer: »Die Natur regelt das.« Irgendwann kommt der Tag, an dem man erkennt, dass man so nicht mehr weitermachen kann. Wenn man es selbst nicht erkennt, dann sagt es einem der eigene Körper, manchmal mit brutaler Gewalt, wenn man seine Signale zu lange überhört.

Kapitel 2
Kurse, Kurse, Kurse

1. »Der schwarze Killer«

Inzwischen beschäftigen mich Fragen wie: »Mit was für Sorgen kommen die Leute zu mir? Und was für Leute kommen denn eigentlich?« Meine Kursteilnehmer haben sich über die Jahre total verändert. Reiter mit »Mega-Problempferden« kommen inzwischen kaum mehr. Aus meiner Sicht bilden sich die Leute heute intensiv weiter und können viel alleine bewältigen.

Vor ein paar Wochen bin ich dann doch noch einmal mit einem echten Problemfall konfrontiert worden. Dieses »Feuer speiende Pferd«, das mit zwei Ketten hereingeführt wurde, jagte mir regelrecht Angst ein. Bei der Arbeit mit diesem Pferd fragte ich mich selbst, wie ich mit meiner Angst am besten umgehen sollte.
Das Pferd war ein schwarzer Traber. Er suggerierte einem: »Ich mache Dich platt!« Er hatte bereits im Vorfeld ziemlich gesponnen und war von seiner Besitzerin nicht ruhig zu kriegen.

Ich wollte erst einmal herausfinden, warum das Pferd so gegen den Menschen ging. Machte es das, weil es unkoordiniert war? Oder war es einfach nur böse? Ich übernahm schließlich das Pferd, weil ich merkte, dass seine Besitzerin nicht mit ihm weiterkam. Ich arbeitete mit ihm im Round Pen.
Immer, wenn ich es wegschickte, lief es eine halbe Runde, kam dann mit der Hinterhand sehr nah zu mir rein und drohte mir. Es »sprach« diese Drohung so deutlich aus, dass mir klar wurde, dass es sie ernst meinte. Das spürt man, wenn man mit vielen unterschiedlichen Pferden gearbeitet hat.

Ich erklärte den Kursteilnehmern, wie ich das Problem lösen wollte. Ich musste meine feste Position verlassen. Würde ich sie ganz vehement einnehmen, wäre es klar, dass das Pferd irgendwann auf mich losginge. Es würde seine Position zum jetzigen Zeitpunkt auf keinen Fall aufgeben.
Wir spielten das übliche Spiel: Ich ließ den Wallach um mich herumlaufen, er sollte dabei langsam runterkommen. Während dieser ganzen Zeit hatte ich wirklich Angst!

Früher wäre ich zu dem Schluss gekommen, nachdem ich mir das Treiben des Wallachs eine Weile angesehen hätte, dass er unerzogen, ungehobelt und böse ist. Heute weiß ich, dass er sich aus Angst so benahm. Er war total unkoordiniert!

Ich ließ ihn eine Weile um mich herumtraben und dann durch die Dual-Gassen gehen. Nach zwei Runden änderte ich das Training und wir einigten uns darauf, dass es für heute reichte. Am nächsten Tag benahm er sich beim Reiten gar nicht schlecht – diese spontane Verbesserung hatte ich schon bei vielen Pferden erlebt. Man sah aber nach wie vor deutlich, wie unkoordiniert das Pferd war. In der ersten Reiteinheit trat es sich gleich ein Eisen runter, in der zweiten das nächste.

Dass wir beide überhaupt miteinander zurande kamen, lag daran, dass der Wallach nicht wusste, wie weit ich gehen würde. Und mir ging es mit ihm genauso. Somit fanden wir irgendwann einen Kompromiss. Dass mir die Reaktionen dieses Pferd nicht geheuer waren, sagte ich auch später den Kursteilnehmern. Sie waren auf der einen Seite von meiner Ehrlichkeit begeistert, aber auch verwirrt, dass ich als Pferdetrainer so etwas zugab.

Aus meiner Sicht ist es ein großer Fehler, wenn man – egal ob Profi oder Freizeitreiter – immer seine Angst zu verbergen versucht. Das ist für die Pferde lachhaft. Sie spüren es sofort und letztlich sehen es auch alle Anderen. Ich fragte die Kursteilnehmer, ob sie denn meine Angst bemerkt hatten. Sie bejahten es. Ich konnte mich nicht erinnern, wann ich das letzte Mal mit solch einem Pferd gearbeitet hatte.

In der Regel beginnt jeder Kurs mit einer kurzen Vorstellung der Teilnehmer. Jeder sagt, wer er ist, stellt sein Pferd vor, nennt z.B. noch das Alter seines Pferdes und schildert, warum er da ist. 90 % der Teilnehmer besuchen den Kurs, weil sie die Hinterhandkoordination und die Balance des Pferdes verbessern wollen.

Bei vielen zeigt sich jedoch während des Kurses, dass sie Schwierigkeiten in der Positionsarbeit haben. Sie merken dann auch, wie es um die Beziehung zu ihrem Pferd wirklich bestellt ist.

Häufig ist es den Teilnehmern gar nicht klar, dass sie Probleme haben. Es gibt genügend Kursteilnehmer, die zur mir sagen: »Ich habe keine Probleme mit meinem Pferd.«

In der Realität sieht es aber etwas anders aus. Ich sehe bereits nach ein paar Minuten – meistens schon bei den Führübungen – welche Probleme das Pferd-Reiter-Paar hat.

Mein Klientel hat sich tatsächlich verändert. In den Kursen arbeiten wir heute hauptsächlich an der »Position«. Wir machen Führübungen, wir machen Handwechsel und wir longieren dann am Ende des Bodenarbeitsteils die Pferde noch einmal einige Minuten durch die Gassen. Ich achte dabei immer auf den jeweiligen Stand des Pferdes. Läuft es schon sauber durch die Gassen, beginne ich ein wenig an der Technik zu arbeiten: annehmen, nachgeben, annehmen, nachgeben. Das Wichtigste ist aber von Anfang an: Das Pferd muss gleichmäßig laufen. Dabei gilt der Grundsatz: Gleichmäßigkeit vor Technik!

Auch das Publikum an den Kursen versteht häufig eine Menge von Pferde. Viele haben eine gute Vorbildung. Ich habe niemals auf den Kursen das Gefühl, die Leute wären nicht aufmerksam. Im Gegenteil, sie saugen alles in sich auf, was ich ihnen erzähle.

2. Trainingsweisheiten

Es hat sich natürlich durch die Dual-Aktivierung viel Neues ergeben. Nehmen wir zum Beispiel die Aussage von Prof. Dr. Jansen, Gehirnforscher aus Bremen. Er sagte: »Der Gleichklang der Gehirnhälften ist beim Pferd ausschlaggebend für seinen Gemütszustand, für seinen Gesundheitszustand und für seine Leistungsfähigkeit.«

Sehen wir uns die einzelnen Punkte einmal genauer an: Ein positiver Gemütszustand ist das, was wir beim Pferd haben möchten. Wir wünschen uns ein gelassenes, ein souveränes Pferd.

Natürlich wünschen wir uns alle ein gesundes Pferd. Sicher auch, weil wir unsere Tierarztkosten so gering wie nur möglich halten möchten.

Auch die Leistungsfähigkeit spielt eine wichtige Rolle, egal ob ich ein Freizeitpferd oder ein Dressurpferd habe, mit dem ich regelmäßig an Turnieren teilnehme. Das Pferd soll in der Lage sein, eine gewisse Leistung zu bringen. Ihm darf seine Arbeit keine Probleme bereiten.

Für all diese Punkte soll der Gleichklang der Gehirnhälften verantwortlich sein. Dieser wird durch die monokulare Sehweise des Pferdes mit beeinflusst und dadurch, dass beide Augen die Sehreize voneinander getrennt verarbeiten. Wir wissen aus dem Humanbereich, dass das Auge bei Balanceübungen sehr wichtig ist, um Disbalancen auszugleichen.

Ein Trainer aus Island erzählte mir, nachdem er sich meine Arbeit angesehen hatte, Folgendes: »Früher hatten wir die Pferde in Ständern stehen. Jeweils zwei Pferde teilten sich eine Tränke. Jeden Abend stellten wir die Pferde um: Das linke Pferd kam nach rechts, das rechte nach links. Die neuen Lehrlinge fragten mich immer, warum wir das machen. Ich erklärte ihnen, dass wir verloren haben, wenn die Pferde *einseitig* werden!«

Schon die alten Klassiker arbeiteten an der »Zweiseitigkeit« ihrer Pferde. Man sieht das an den Übungen, die geritten wurden.

Das älteste Skript, das den Gedanken der Dual-Aktivierung aufgreift, ist 4600 Jahre alt. Es stammt von einem kyrillischen Kampfwagen-Pferdetrainer. Dieser sagte: »Es sterben zu viele Menschen im Kampfwagen, weil die Pferde zu langsam rechts/links schalten.«

In meinen Kursen versuche ich, viel Wissen rund ums Pferd und immer auch etwas Philosophie zu vermitteln. Das kommt bei den Teilnehmern gut an. Mir ist es wichtig, dass sich meine Schüler die Dinge vorstellen können, von denen ich spreche. Nur dann kann man sie meines Erachtens auch umsetzen. Mein Paradebeispiel ist Folgendes: Früher hätte ich, wenn sich ein Pferd nicht ins Dreieck reinbewegen ließ, mit dem Pferd so lange »gekämpft«, bis es drin gewesen wäre. Ich hätte dabei nicht beachtet, aus welchen Gründen

das Pferd dann letztlich reingegangen wäre. Aus Verzweiflung, weil ich zu viel Druck ausgeübt hatte oder weil ich es davon überzeugen konnte, dass das Dreieck ungefährlich ist?

Denken Sie über folgendes Beispiel nach: Sie sagen zu Ihrem Kind um acht Uhr morgens, dass es sein Zimmer bis 16.00 Uhr aufgeräumt haben muss, sonst darf es nicht weggehen. Wenn Sie das durchziehen, dann sind Sie konsequent. Das Wichtige dabei ist, dass Sie Ihrem Kind eine Zeitspanne vorgeben. Es muss seine Aufgabe zwischen acht und 16.00 Uhr erledigen. Genau diese Zeitspanne gönne ich heute auch den Pferden. Ich gehe bei meiner Arbeit immer davon aus, dass das Pferd seine Aufgabe auf jeden Fall bewältigen wird, es bleibt nur die Frage, wann es bereit dafür ist.

Bleiben wir bei der Aufgabe »ins Dreieck reinreiten« aus der Dual-Aktivierung. Ich bitte den Reiter auf das Dreieck zuzureiten, das Pferd zögert und zeigt Angst. Ich rate diesem Reiter dann: keine Sporen, keine Gerte, nicht kämpfen. Jetzt soll er um das Dreieck herumreiten und dem Pferd klarmachen, dass es da nicht rein darf! Der Reiter bekommt die Aufgabe, zum Dreieck hin und wieder davon wegzureiten, dann wieder hin. Ich bringe 99,9 % der Teilnehmer auf meinen Lehrgängen, die Schwierigkeiten am Dreieck haben, mit Sicherheit auf diese Weise an einem Trainingstag ins Dreieck. Ganz wichtig: Alles geschieht ohne Stress. Das Pferd entscheidet selbst, wann es den Schritt ins Dreieck macht.
Das ist der Punkt, an dem ich ausnahmsweise Monty Roberts zitiere: »Ein guter Trainer schafft es, dass ein Pferd alles tut. Ein sehr guter Trainer schafft es, dass ein Pferd alles freiwillig tut.«

Mir ist es heute wichtiger denn je, dass meine Schüler Verständnis für die Reaktionen ihrer Pferde zeigen. Eigentlich sind sich Menschen und Pferde sehr ähnlich. Wir haben einfach verlernt, uns auf unser Gefühl zu verlassen. Deshalb ist es so, dass wir uns mit so vielen Dingen rundum beschäftigen.
Heute sage ich bei einem Pferd, das in die Halle kommt und seinen Kopf in die Luft streckt: »Das Pferd ist unkoordiniert.« Ich bin der festen Überzeu-

gung, dass sich ein koordiniertes, selbstbewusstes Pferd anständig benimmt. Es bleibt selbst in den kritischsten Situationen noch handelbar. Ich sehe das immer wieder bei meinen Rennpferden. Auch unter absoluter Hochspannung kann man sie halten. Sie sind schwierig, aber stets kontrollierbar.

Man sollte bei jedem Pferd prüfen, warum es diese oder jene Reaktion zeigt. Kann es sich nicht koordinieren? Hat es Angst, die Balance zu verlieren? Zwei »Urängste« schlummern in jedem Pferd. Die erste ist die Angst, gefressen zu werden. Die zweite ist die Angst, die Balance zu verlieren. Beide Ängste hängen eng miteinander zusammen.

In dem Moment, in dem man die Balance verliert, kann man nicht mehr flüchten. Die erste »Urangst« nehmen wir dem Pferd über das Positionhalten. Wir machen dem Pferd klar, dass wir es führen. Wenn wir führen, dann vermitteln wir dem Pferd Sicherheit.

Der beste »Führer«, den das Pferd bekommen kann, ist sein Besitzer. Das sage ich den Kursteilnehmern bereits am Anfang eines Kurses. Wir wissen, dass es bei uns keine Raubtiere gibt. Letztlich sind wir in dieser Hinsicht jeder Leitstute überlegen, denn sie weiß das nicht. Die meisten meiner Schüler sind besser, als sie annehmen. Sie vergessen nur, es ihren Pferden zu zeigen! Wenn ich ihnen das sage, schauen sie mich in der Regel mit großen Augen an. Ich beweise ihnen das bereits während des ersten Kurstages.

Die Wenigsten halten bei ihrer Arbeit mit Pferden »Position«. Wenn das Pferd vor irgendetwas Angst bekommt, dann vermitteln sie ihm nicht: Da ist kein Raubtier, gehen wir weiter! Sie lassen es stehen, streicheln und loben es. Das wirkt kontraproduktiv.
Ich habe mir zum Beispiel angewöhnt, mich so gut es geht zu beherrschen, wenn eins meiner Pferde verletzt oder krank ist. Ich setze mich nicht zu ihm in die Box und bedauere es: »Oh, ist das Bein dick ...« Sondern ich sage: »Ach, das ist gar nicht schlimm, das haben wir bald wieder. Morgen sind wir wieder auf der Bahn!«

Wenn heute jemand aus dem engeren Umfeld schwer erkranken würde, würde man ja auch nicht hergehen und zu ihm sagen: »Du wirst es nicht schaffen, aber schauen wir mal.« Sondern man würde ihn aufbauen und unterstützen: »Hey, das schaffst Du! Keine Frage, Du wirst wieder gesund.«

Beim Pferd müssen wir das – wie ich meine – ganz genauso machen: »Wir werden es schaffen, wir werden die Sprünge schaffen, wir brauchen nur Zeit.« Das sollte die Ausrichtung sein.

Die zweite »Urangst« ist, die Balance zu verlieren. Mit den Übungen aus der Dual-Aktivierung kann man wunderbar an der Balance der Pferde arbeiten.

Ich habe mittlerweile Hunderte von Rückmeldungen bekommen, dass sich die Pferde durch die Dual-Aktivierung komplett verändert haben.

Folgendes hat sich durch meine Kurse für mich gezeigt: Das Hauptproblem ist, dass die meisten Reiter nicht in der Lage sind, sich die 30 Minuten, die sie mit ihrem Pferd arbeiten, nur auf eine Sache zu konzentrieren. Immer wieder schweifen sie gedanklich ab und signalisieren dem Pferd dadurch, dass es nicht so wichtig ist, was es hier gerade tut.

Konzentration und Position – das sind die wichtigsten Elemente, die man bei allem, was man mit dem Pferd erarbeiten möchte, berücksichtigen muss.

3. Haflinger-Betriebsanleitung

Es gibt die Südtiroler-Haflinger-Betriebsanleitung und jeder, der einen Hafi besitzt, sollte sie auswendig lernen.

Paragraph I: Niemals Außenstellung.

In dem Moment, in dem ein Pferd beim Longieren oder Reiten in Außenstellung geht, passt es nicht auf und hört nicht zu. (Das gilt natürlich nicht nur für Haflinger …) Ein Pferd, das nicht zuhört, kann nicht lernen. Das geht meinst schon beim Führen los. Sich in Außenstellung zu bewegen, ist nicht gut für seine ganze Anatomie. Wenn Du es geschafft hast, dass ein Pferd in Innenstellung geht, also zuhört, kannst Du ihm relativ schnell etwas beibringen …

Südtiroler-Haflinger-Betriebsanleitung, Paragraph II: Niemals gegen den Hafi, immer mit ihm.

Früher hatte ich den Raschelsack im Training eingesetzt. Heute arbeite ich in der Dual-Aktivierung über die »Position«.

Das Desensibilisierungs-Programm habe ich aus meinem Trainingsprogramm gestrichen. Ich konfrontiere kein Pferd mehr mit einem Gegenstand, vor dem es erschrecken könnte, um es dann wieder zu mir herkommen zu lassen. Auf diese Weise brachte ich ihm früher bei, dass es vor einem Gegenstand, einem Geräusch o.Ä. keine Angst zu haben brauchte.

Ich will heute kein Pferd mehr unnötig erschrecken oder stressen, wenn es nicht unbedingt sein muss. Selbst wenn ein Pferd Panik vor dem Sattel hat, weil es beim Einreiten etwas Schlechtes erlebt hat, beginne ich grundsätzlich erst einmal mit der Dual-Aktivierung am Boden.

Damit schaffe ich die Grundvoraussetzungen: Wir arbeiten an der Balance des Pferdes, an seiner Koordination und seinem Körperbewusstsein. Vor allen Dingen habe ich natürlich die Hoffnung, dass die negative Information (der Sattel ist etwas Böses) in seinem Gehirn gelöscht wird. So zu arbeiten macht für mich mehr Sinn.

Das ist wie mit der Startmaschine oder dem Hänger. Viele Pferdeleute sagen ab einem bestimmten Punkt: »Jetzt muss das Pferd da einfach rein.« Das ist für mich kein Training, das wird eher zur »Arbeit mit der Brechstange«. Die Grundvoraussetzungen müssen erst einmal stimmen, damit ein Pferd den nächsten Schritt überhaupt machen kann.

Früher bin ich so lange »dran geblieben«, bis das Pferd z. B. den Wasserschlauch akzeptierte. Im Endeffekt war das nur über Druck zu erreichen. Nach dem Motto: »Manche Pferde muss man zu ihrem Glück zwingen. Irgendwann erkennen sie, dass von dem Gegenstand keine Gefahr zu erwarten ist.« Heute bin ich mir nicht mehr sicher, ob Pferde das wirklich erkennen. Ist es nicht doch eher so, dass sie etwas bloß über sich ergehen lassen und in Wirklichkeit noch einen Heidenrespekt davor haben?

Südtiroler Haflinger-Betriebsanleitung, Paragraph III: Lass die Angst vor dem Hafi zu.

Auf einem Kurs bei Bonn erlebte ich eine ganz emotionale Geschichte mit einem Haflinger und seiner Besitzerin. Natürlich ist auch diese Geschichte wieder auf alle Pferde übertragbar …

Sie hatte unheimliche Angst am zweiten Kurstag auf ihrem Pferd zu reiten. Sie hatte bereits Schwierigkeiten beim Longieren und bekam dann echte Panik.

Ich versuche den Teilnehmern immer bereits am Samstag die Angst vor dem Reiten zu nehmen. Meinstens läuft das Reiten total easy ab. Das ist in bestimmt 99,9 % der Fälle so. Die Pferde kennen die Dual-Hindernisse ja vom Vortag. Es passiert wirklich selten, dass ein Pferd aufdreht und ein Reiter runterfällt.

Von zehn Personen, die vielleicht in den letzten zwei Jahren runtergefallen sind, waren sicher acht unnötige Abgänge dabei. Die Reiter hatten sich meist einfach fallen gelassen …

Das ist auch so ein Punkt: Viele Kursteilnehmer plagen sich mit Angstgefühlen rum und machen sich schon im Vorfeld große Sorgen darüber, was alles passieren könnte. Teilweise kommen sie vor dem Reiten mit Baldrian an oder haben sich in der Früh schon Rescue-Tropfen eingeworfen. Oft ist es so, dass die Pferde, die sich beim Longieren am ungeschicktesten aufgeführt hatten, beim Reiten mit Abstand die Besten sind.

Die Angst vor dem eigenen Pferd scheint immer noch ein Tabu-Thema zu sein. Aus meiner Sicht muss man diese Angst erst einmal zulassen. Wenn man sie zu verbergen versucht, hat man sowieso schon verloren. Man kommt bei dem Pferd in einem Zustand an, den man ohnehin nicht vor ihm verbergen kann. Das Pferd merkt auf jeden Fall, dass man sich fürchtet. Mein Tipp lautet: Man kann am Allerbesten mit Angst umgehen, wenn man seine Angst zugibt, aber dem Pferd trotzdem signalisierst: »Wir machen das jetzt!« Die Pferde akzeptieren es und kommen mit der Situation zurecht.

Kapitel 3
Faszination Rennbahn

1. Die Exoten

Eigentlich eine irreführende Überschrift »Faszination Rennbahn«, denn von der Rennbahn selber geht für mich gar keine Faszination aus. Mich fasziniert weder das Training, noch die Atmosphäre auf den Tribünen.

Wenn wir an einem Renntag ankommen, meist mit einem recht großen Team, dann sind wir immer bei den Pferden.

Die Pferde stehen bei uns absolut im Vordergrund. Ich sehe mir in der Regel auch nur die Rennen meiner eigenen Pferde an.

Im vorderen Bereich halte ich mich nie lange auf. Nach einem Sieg natürlich etwas länger als nach einer »Klatsche«, da schauen wir dann, dass wir schnell nach Hause kommen. Wir sind eben die totalen »Exoten«.

Es ist einfach so, die Pferde stehen bei uns im Mittelpunkt, sie sind die Hauptakteure. Ich wurde glücklicherweise in meinem Denken sehr geprägt von Raimund Nitsche und Andrea Angel. Die beiden betreiben Trabrennsport auf ganz hohem Niveau. Raimund hatte mir von Anfang an gesagt: »Wenn Du einen Champion willst, musst Du ihn auch wie einen Champion behandeln. Wenn Du aufs Rennen fährst, ist Dein Pferd der absolute Mittel-, Dreh- und Angelpunkt.«

Daran halte ich mich. Bei mir gibt es keine Champagner-Parties, keine Häppchen hier und Häppchen da, sondern ich bin bei meinem Pferd, ich stehe an der Box. Ich spreche mit ihm und bereite es vor. Das ist meine Aufgabe.

Ich denke, Reitern geht das sicher ähnlich. Die Erfahrungen, die sie zu Beginn gemacht haben, prägen sie. Was den Rennsport betrifft, hatte ich eine geniale »Erstprägung«. Ich durfte einen sehr sorgfältig trainierenden und um das Wohl der Pferde bemühten Trainer kennen lernen. Er kam zwar aus einer anderen Rennsportart, aber er hatte mir ganz wesentliche Grundlagen über die Physis von Pferden und ganz besonders die Psyche von Rennpferden vermittelt. Durch ihn lernte ich auch verschiedene therapeutische Maßnahmen kennen, um das Wohlbefinden der Pferde zu unterstützen. Er zeigte mir, wann ein Pferd zum Beispiel eine Magnetfelddecke braucht, wann man bei ihm eine Muskel relaxierende Massage einsetzt usw. Wenn ich überlege, was ich für »Therapeuten« kennen gelernt habe … Es ist schon enorm, was alles für Schmu gemacht wird..

Trotzdem möchte ich auf keinen Fall den Finger heben und in Frage stellen, was andere mit ihren Pferden machen. Für mich steht fest: Ich mache mein eigenes Ding. Für mich und mein Team ist es wichtig, dass es den Pferden gut geht. Wir treffen jede Entscheidung für das Pferd. Anders wäre es für mich und mein Team nicht möglich.

Diese Philosophie vermittele ich auch auf allen Lehrgängen. Es darf nicht sein, dass wir unsere Pferde »ausbeuten«.

Dennoch bin ich davon überzeugt, dass jedes Pferd auf dieser Welt einen »Beruf« haben sollte: Freizeitpferd, Dressurpferd, Rennpferd – weiß der Teufel was. Unsere Aufgabe ist es, herauszufinden, für welchen »Beruf« das Pferd geeignet ist. Im nächsten Schritt müssen wir dann die passenden Voraussetzungen dafür schaffen, die es braucht, um diesen »Beruf« ausführen zu können. Wir sind für seine Gesunderhaltung, für seine Ernährung und sein spezielles Training verantwortlich. Passt alles, dann macht das Pferd seinen Job auch gerne.

Die Rennbahn ist einfach eine Welt für sich, die sich einem erschließt oder eben nicht. Für mich ist es wichtig, Distanz zu halten. Aber da bin ich vielleicht ein Exot …

Gepackt hatte mich das Rennbahnfieber durch den Film »Seabiscuit«. Der Film war schon lange in den Kinos gelaufen, als ich die DVD von einem Einsteller bekam. Ich sah mir den Film an und war total begeistert. Die Geschichte berührte mich wahnsinnig. Bis dahin hatte ich dem Rennsport gar keine Beachtung geschenkt und in meinem Leben kein einziges Galopprennen gesehen.

Mit gefiel die Geschichte: Da treffen diese drei grundverschiedenen Menschen und das völlig kaputte Pferd, ohne jegliche Chancen, aufeinander. Sie bauen es wieder auf und erreichen mit ihm Unglaubliches.

Ich bestellte mir sofort das Buch. Ich kann mich noch ganz gut erinnern, wie ich draußen auf der Bank vor meinem Haus saß und von diesem Buch nicht wegzubringen war. Keiner hatte sich getraut, mich anzusprechen, so vertieft war ich in diese Geschichte.

2. Die Prüfung

Idee und Ausführung liegen bei mir nah beieinander. Ich meldete mich in Köln für einen dreiwöchigen Lehrgang an, um die Prüfung zum »Besitzertrainer« für Galopp-Pferde abzulegen.

Am Anfang machte ich mir unheimlich viele Gedanken. Mich plagten Frage wie: »Was erwartet mich dort? Schaffe ich das überhaupt? Kennt mich dort jemand? Nehmen mich die Leute ernst?«
Tatsächlich war es so, dass alles, was ich mir so vorgestellt hatte, Käse war. Bis auf zwei, drei Leute wusste überhaupt kein Mensch, wer ich war.
Beim Vorstellungsgespräch wurden zwei Leute rausgepickt. Einer davon war ein Trabertrainer, der schon 2500 Siege mit seinen Pferden errungen hatte.
Die Kursteilnehmer waren froh, dass auch einer wie ich dabei war – der sich bisher mit ganz anderen Dingen im Pferdebereich beschäftigt hatte.

Der Unterricht ging los ... Anfangs dachte ich, dass ich es nicht durchhalten würde. Ich war es nicht gewohnt, acht Stunden am Tag auf einem Fleck zu sitzen. Ich war es auch nicht gewohnt, dass ich nicht derjenige war, der führte und das Seminar leitete. Ich saß da als Schüler und musste acht Stunden lang dem Unterricht folgen. Ein Fach nach dem anderen kam an die Reihe: von Fütterung über Rennkunde bis zur Rennordnung. Da kam Feuerzangenbowlen-Romantik auf ... Hauptsächlich ging es natürlich um die Rennordnungen und die Geschichte des Vollblutes.

Während dieser Zeit wohnte ich in einem Hotel in Köln. Mein Team hielt mir total den Rücken frei. Zu Hause lief der Betrieb in gewohnter Ordnung weiter. Alle wollten, dass ich diesen Trainerschein bekam. Unglaublich, ich hatte in diesen drei Wochen nicht ein einziges Mal gehört: »Oh, haben wir viel Arbeit ...« Ich hörte eigentlich nur: »Alles läuft super.«

Keiner ahnte, wie es in diesen drei Wochen in mir aussah. Ich war kurz davor, das Vorhaben zu stoppen und einfach aufzugeben. Jeden Tag fragte ich mich: »Warum musstest Du Dir das antun?« Ich wollte einfach nur weg.
Der Stoff war sehr umfassend. Ich musste in dieser kurzen Zeit eine Menge lernen. Nicht einfach, wenn man lange aus der Schule raus ist ...
Es ist mir nicht leicht gefallen, mir den trockenen Stoff reinzupauken. Da ich nicht aus dem Rennsport kam, war mir das alles fremd. Generalausgleichsgewicht, Führregeln, Sattelplatz – was darf man, was darf man nicht? Wenn man sich das alles nicht so richtig vorstellen kann, dann fühlt man sich doch leicht überfordert.
Dann kam der Tag, an dem jeder erzählen sollte, warum er die Trainerprüfung machte. Als ich an der Reihe war, sagte ich, dass ich Galopprennpferde trainieren möchte, um meine Trainingsmethode zu testen. Eine andere Kursteilnehmerin erzählte, dass sie den Film »Seabiscuit« gesehen hatte und deshalb jetzt die Prüfung machen wollte. Der Rest des Kurses – außer mir natürlich – brach in schallendes Gelächter aus. Ich traute mich gar nicht mehr zu sagen, dass ich aus demselben Grunde da war.
Nach 21 langen Tagen – gefühlten 21 Monaten – kam dann endlich der Tag der Prüfung. Schon am Morgen hatte ich die Hosen gestrichen voll. Ich war total nervös.
Noch nervöser bin ich heute, wenn ich mit meinen Pferden auf die Rennbahn gehe. Da bin ich blutleer und unbrauchbar. Sowohl meine Pferde als auch Team wissen das mittlerweile und beachten mich an diesem Tag ganz einfach nicht.

Immer wieder schoss mir an diesem Morgen der Gedanke durch den Kopf: Was ist, wenn ich durchfalle? Schließlich fing ich mich wieder und motivierte mich mit positiven Gedanken: »Geitner, Du bist doch »The Hero«, Du schaffst alles!«

Eine Sache hatte ich nicht bedacht: Eine Kollegin und ich waren die schlechtesten beim Satteln. In der Prüfung kamen wir zusammen dran, da sie im Alphabet gleich vor mir stand. Die totale Katastrophe: Erst hatten wir vergessen, dem Pferd das Vorderzeug anzulegen. Dann hatte die Prüfungskommission auch noch den Gurt verkehrt herum drangemacht, was uns nicht aufgefallen war. Ich fragte dann die Prüfungsleiterin: »Beim Satteln werde ich doch wohl jetzt nicht durchfallen – oder?« Sie antwortete nur lakonisch: »Weiß ich nicht ...«

Ich wurde ziemlich unsicher und stellte mir wieder vor, wie ich meinem Team zu Hause erzähle, dass ich die Prüfung nicht bestanden habe.

Das Satteln ist bei Rennpferden enorm wichtig und verdammt schwierig: Erst einmal muss es sehr schnell gehen, denn die Pferde stehen ja in der Regel nicht still. Vor allen Dingen ist man in der totalen Verantwortung. Das Leben des Jockeys hängt damit zusammen und letztlich auch das des Pferdes. Man trägt schon eine wahnsinnige Verantwortung ... Mir ist es lieber, eine erfahrene Person ist dabei, die schon tausendmal gesattelt hat, und ich bin der Handlanger.

Ich hasse es, wenn jemand über Dinge urteilt, von denen er nichts versteht. Ich würde mir z.B. nie ein Urteil über einen Sattel erlauben, da ich von Sätteln zu wenig verstehe. Es wird oft so viel Halbwissen verbreitet ... Du sprichst mit jemandem über Einstreu und der hat vielleicht gerade mal kurz was darüber gelesen. Die Einstreuhersteller machen sich Gedanken, testen jahrelang, aber man hat einmal was gelesen und macht sofort eine maulige Bemerkung, ohne etwas getestet und ein Langzeitergebnis zu haben. Das geht mit vielen Dingen so. In diesem Zusammenhang fällt mir ein Spruch von einem bekannten Menschen ein: »Gesegnet sind die Menschen, die nichts zu sagen haben und die Klappe halten.« Das wäre aus meiner Sicht im Pferdebereich manchmal ganz dienlich.

Als die Prüfungsergebnisse bekannt gegeben wurden, herrschte große Erleichterung. Alles andere: Pferde beurteilen, füttern usw. war gut gelaufen. Ich hatte ganz anständige Noten.

In der mündlichen Prüfung musste man fünf Fragen zu den einzelnen Themenbereichen ziehen. Wir saßen zu viert vor den Prüfern und beantworteten nacheinander die Fragen. Diese Prüfungsform kam mir sehr entgegen. Ich konnte mich schon immer gut rausreden, wenn ich etwas nicht so genau wusste ... Letztendlich bestand ich die Prüfung mit einer Note von 2,3.

Das Satteln klappt übrigens heute noch nicht. Ich suche mir immer jemanden mit Erfahrung, der mir die Pferde im Ring sattelt.

Ich muss sagen, der Lehrgang tat mir wirklich gut. Ich lernte viele Dinge, die man als Pferdetrainer durchaus wissen sollte.
Der Lehrgang machte sehr viel Spaß und wir wurden alle äußerst fair behandelt. Ich befürchtete, dass mir die Verantwortlichen des Direktoriums besonders auf den Zahn fühlen würden. Das war aber nicht so. Darüber bin ich auch heute noch sehr froh.
Wir waren eine wahnsinnig nette Truppe und hielten in den drei Wochen fest zusammen. Zu einigen habe ich heute noch guten Kontakt und wir telefonieren regelmäßig miteinander.

Es zeigte sich aber damals schon, dass ich mit meiner Denke über das Training und über Rennpferde recht alleine stehe. Mir wurde bewusst, dass ich wieder einen Weg mit Pferden gehen würde, der mich gegen den Strom führte. Viele Dinge, die wir während des Lehrgangs und in der freien Zeit diskutierten, waren mit meiner Philosophie nicht zu vereinen.

Sich hinstellen und den Finger heben ist nicht die Lösung. Es ist doch häufig so: Viele Gruppierungen unter den Reitern stellen sich hin und prangern dies oder das an. Schlechte Dressurreiter maulen über schlechte Westernreiter und umgekehrt. Intelligenter ist es, zuerst Alternativen anzubieten. Man sollte sagen können, wie es besser geht. Auf andere mit dem Finger zu zeigen ist leicht. Man muss aber immer die Umstände beachten und fragen, was dahinter steckt. Man muss immer das Ganze betrachten, um urteilen zu können.

Ich packe es immer anders an: Ich möchte zuerst Erfolg haben. Dann habe ich die Chance, dass mir jemand zuhört. Wenn mir jemand zuhört, der auch erfolgreich ist, dann werden mit Sicherheit immer mehr Menschen zuhören. Das ist meine Erfahrung. Mit der Zeit bin ich zu der Erkenntnis gekommen, dass es immer besser ist, wenn man eine gute Alternative anzubieten hat.

Als Mensch und Trainer hat man das Recht, Leute sympathisch oder weniger sympathisch zu finden. Ein Bekannter sagte einmal so schön: »Es gibt Leute, die mag ich einfach nicht. Menschlich genauso wenig, wie am Pferd. Sie können dann machen, was sie wollen. Sie könnten ein Pferd zum Fliegen bringen, ich würde immer noch sagen, dass ich nicht mag, was sie machen. Das ist mein Recht. Aber ich habe nicht das Recht, mich über sie zu stellen und zu sagen: »Das ist schlecht, das ist schlecht, das ist schlecht.« In dem Moment, in dem ein Trainer das macht, hat er eines noch nicht geschafft, er hat noch nicht die Position erreicht, von der aus er sagen darf: »Du, pass mal auf, ich bin wirklich Pferdetrainer.«

Wenn mich ein Schüler auf einem Lehrgang fragt, was ich vom Parelli-System halte, dann steht es mir nicht zu, mich darüber negativ zu äußern. Ich kann darüber sagen, dass ich es a) nicht genau kenne, b) es vielen Menschen hilft und c) es sehr erfolgreich ist. Das sind drei Punkte und das wars dann. Das Gleiche gilt für das Join-up.
Mittlerweile wurde darüber so viel gesagt und geschrieben, da kann sich jeder seine eigene Meinung bilden.

3. Freude – Prairie Almondo

Nachdem ich Seabiscuit gelesen hatte, schlug ich das Buch zu und schickte in meiner Begeisterung den Wunsch ins All: »Ich möchte jetzt so ein Pferd trainieren, ich wünsche mir das schnellste Pferd der Welt!«
Sabine war auch gleich begeistert von der Idee. Ich erinnerte mich, dass Jo Festner, unser Futtervertreter, viele Leute aus der Rennsport-Szene kennt.

Ich rief ihn an und bat ihn, sich ein wenig für uns nach einem Galopper um-
schauen. Er sollte nicht mehr auf der Bahn laufen, am besten aus welchen
Gründen auch immer ausgemustert worden sein.

Ich hatte damals überhaupt noch keine Ahnung davon, was es bedeutet,
Rennsport mit Pferden zu betreiben. Nach einer Woche rief mich Jo zurück
und erklärte, dass er ein Pferd für mich wüsste, einen schwarzen Wallach. Er
gab mir die Telefonnummer der Besitzerin. Die Dame hieß Frau Biller. Ich rief
sie an und wir vereinbarten ein Treffen für den nächsten Tag.

Ich fuhr mit einer Bekannten aus unserem Stall zu ihr. Frau Biller holte Prairie
Almondo aus der Box und meiner Bekannten entfuhr ein mitleidiges: »Oh,
mein Gott!« Das Pferd hatte Fesseln wie ein altes Grubenpony, einen Rücken wie eine Almgeiß und die kläglichsten Reste an Muskeln, die ein Pferd
überhaupt haben konnte.

Ich sah ihn aber mit ganz anderen Augen. Er war schwarz, glänzte und alle
meine Träume nahmen in meinem Geiste schon Gestalt an. Für mich war er
nicht durchtrittig, für mich hatte er keinen Senkrücken, für mich war er der
Anfang eines Traums. Als er dann noch versuchte, mich zu beißen, sagte ich
trotzdem unerschütterlich: »Das ist er!« Pferde-Amors-Pfeil hatte mich voll
getroffen ...

Am nächsten Tag kam die Besitzerin zu mir und sah sich meinen Hof an. Wir
vereinbarten ein Pachtverhältnis, keinen Kauf, was sich später noch als ein
großer Fehler erweisen sollte. Ich werde nie vergessen, wie Mondi ankam. Er
wurde von einem Bekannten der Besitzerin zu uns gebracht und meine Frau
Sabine raunte ihm zu: »Endlich ist sein *Spielzeug* da!«

Am zweiten Tag führte ich das Pferd unserem Tierarzt Dr. med. vet. Matthias
Baumann vor. Mit stolz geschwellter Brust und einem Grinsen auf dem Ge-
sicht stellte ich die beiden einander vor: »Thissy, das ist mein Galopper.
Mondi, das ist Dein Tierarzt!« Dr. Baumann riss die Augen auf und brüllte:
»Mike, der schaut ja aus, wie ein Schlachtpferd!« Angesäuert verstaute ich
Prairie Almondo für diesen Tag wieder in seiner Box.

Nach einer kurzen Eingewöhnungszeit begannen wir mit dem Training. Natürlich in der Dual-Aktivierung. Hier zeigte sich, dass das Pferd eine katas-

trophale Koordination hatte. Auch nervlich war es nicht gerade stabil. Wir zogen das komplette Dual-Aktivierungs-Programm mit ihm durch ... Ich kenne kein Pferd, das so viel gelaufen ist, in solch einem hohen Tempo und so hektisch. Ich denke, man könnte es auch mit keinem anderen Pferd machen. Bei Almondo war es aber ganz wichtig, denn durch dieses harte Training wurde seine Muskulatur wieder stärker. Er fing an, seine Fesseln hoch zu ziehen und er bekam einen geraderen Rücken mit massig Muskulatur. Zusätzlich ging Christian zum Ausgleich viel mit ihm ins Gelände. Er trabte und galoppierte mit ihm kilometerlang.

Das Ganze dauerte vom Herbst bis zum Winter. Drei, vier, fünf Monate so in diese Richtung. Das Pferd wurde in dieser Zeit von uns ziemlich gefordert. Anfang 2005 nahmen wir ihn dann mit zu Raimund Nitsche, einem sehr erfolgreichen Trabertrainer, der eine Trainings-Sandbahn von über 900 Metern hat.

Es war ein unglaubliches Gefühl, als wir Prairie Almondo verluden und mit ihm nach Neufinsing bei Erding fuhren. Wir wollten einfach sehen, wie der Schwarze drauf war und was er wohl so auf der Bahn konnte. Aus heutiger Sicht war Mondi zum damaligen Zeitpunkt eher fett und hatte null Kondition, obwohl wir mit ihm so viel gemacht hatten.

Bereits nach der ersten Runde auf der Sandbahn schnaufte Almondo wie eine alte Dampflok. Ich werde nie vergessen, wie der Hufschmied Karl, der in dem Stall zu tun hatte, Almondo anschaute und mich abfällig fragte: »Wann soll der laufen?« Ich war so was von beleidigt, dass der Typ sich erdreistete, solch eine Frage zu stellen!

»Karl hatte nur das ausgesprochen, was er sieht«, so kommentierte Raimund Karls Aussage. Das weiß ich heute natürlich auch. Ich bin davon überzeugt, dass wir mit Almondo nie so weit gekommen wären, wenn wir damals schon so viel gewusst hätten. Durch unsere Unwissenheit war Almondo für uns einfach das beste Rennpferd aller Zeiten, und das suggerierten wir ihm dann auch immer. Wir sagten ihm ständig: »Du bist der Beste, Du bist der

Champ, Du machst das ganz so toll ...« Irgendwann musste das Pferd das ja dann auch glauben!

Zu Beginn des Jahres 2005, wir können heute nicht mehr nachvollziehen, wann es genau losging, nahm Almondo plötzlich ab. Er verlor zusehends an Gewicht. Sein Trainingsprogramm hatten wir nicht geändert. Das einzige: Wir fuhren mit ihm öfters zum Galoppieren auf die Münchner Rennbahn. Aus dem fetten, kurzatmigen Pferd wurde langsam ein ansehnliches Rennpferd. Prairie Almondo kam immer besser in Form. Nach weiteren sechs Wochen war er dann ein ganz anderes Pferd: schlank, bemuskelt, er hatte Luft ohne Ende. Es kam mir fast so vor, als wollte er uns damit zeigen: »Okay, ich schaffe das, ich packe es noch einmal.«

Prairie Almondo war dafür bekannt, dass er unheimlich schwierig am Führring war. Das war auch der Grund, weshalb man ihn aus dem Rennsport genommen hatte. Ich hatte zu diesem Zeitpunkt noch gar keine Ahnung, wie schlimm es wirklich mit ihm würde. Schließlich hatte ich bereits vom bockenden Tinker bis zum steigenden Dressurkracher alles bewältigt ...
Wir hatten uns alle gar keine Gedanken darüber gemacht. Mondi war so ruhig im Umgang. Ihm konnte man Planen überlegen, es konnte auf dem Hof scheppern – alles kein Problem. Wir hatten nicht einmal im Traum daran gedacht, dass das Pferd Stress machen könnte.

Raimund machte uns den Vorschlag, ein kleines privates Rennen zu veranstalten, damit wir uns einen Eindruck verschaffen konnten, was wirklich in dem Pferd steckte. Almondo konnte gegen Indivina laufen – eine der schnellsten Traberstuten Europas, die auch sehr gut galoppieren konnte.
Indivina sollte einen Vorsprung von 20 % der Strecke bekommen. Wir beschlossen, dass eine Runde über 1000 Meter geht.
Gestartet werden sollte mit einem fliegenden Start auf Kommando und in dem Abstand, den wir uns ausgerechnet hatten. Ich biss mir auf die Nägel und konnte es kaum ertragen, bis es endlich losging. Christian war Mondis Jockey, Raimund gab das Kommando.

Die Pferde tänzelten und schäumten, nichts hätte sie mehr aufhalten können. Das Kommando fiel und beide schossen ab wie die Kanonenkugeln.

Mondi war unglaublich schnell. Adrenalin schoss wie eine Injektion durch meinen Körper. Prairie Almondo »vernichtete« die Stute quasi. Schon auf der ersten Geraden hatte er sie eingeholt. Er hängte sie im Bogen ab. Das war der blanke Wahnsinn, wie ein Tornado fiel er über sie her. Almondo kam mit 30 Längen Vorsprung ins Ziel. Ich konnte mich nicht erinnern, dass ich Almondo jemals so schnell rennen gesehen hatte.

Alle Personen um uns herum waren entweder entsetzt oder komplett erstaunt. Ich hätte mich in den Allerwertesten beißen können, denn Raimund hatte mir kurz vorher eine Wette angeboten: »1000,- Euro für den Sieger.« Er war überzeugt davon, dass Almondo nicht den Hauch einer Chance gegen Indivina hatte.

Ich hatte mich nicht zu wetten getraut, denn ich dachte, »wenn Raimund so überzeugt ist, dann haben wir sicher keine Chance«. Er ist schon so lange im Rennsport aktiv und hat so viel Erfahrung. So kann man sich täuschen!

Am nächsten Tag ging es Almondo nicht gut, er hatte einen leichten Kreuzverschlag. Er hatte sich vollkommen übernommen. Wir waren trotzdem glücklich, denn für uns war klar, dass seine Leistung ausbaufähig war.

Für die nahende Rennsaison plante ich ihn für andere Renndistanzen ein. Er ist eigentlich ein »Meiler«, ein kürzeres Pferd, das auf 1600 m oder 1300 m läuft. Es gab aber nur Amateurrennen mit 2500 m. So bat ich einen Bekannten, mit Almondo nach Mannheim auf die Bahn zu fahren. Ich konnte nicht mitgehen, da ich einen Kurs hatte. Christian, unser Hufschmied, sollte mitfahren und ihn führen.

Christian ritt ihn eine Stunde vor dem Rennen noch im Gelände, wo der Wallach vollkommen ruhig und gelassen ging. Am langen Zügel schlenderten die beiden über die umliegenden Felder.

Am Führring angekommen (hier werden die Pferde vor dem Rennen im Kreis geführt, damit sich die Wetter ein Bild machen können), zeigte Dr. Jekyll dann sein anderes Gesicht. Kaum waren die beiden im Führring, flippte Almondo komplett aus. Er verhielt sich so schlimm, dass er unter anderem rückwärts in ein Auto reinrannte. Kurz bevor Almondo auf der Bahn war, musste sich Christian vor lauter Stress übergeben.

In dem 2500 m-Rennen wurde Almondo sofort Vierter. Heute weiß ich, dass es sensationell war ... Damals war ich enttäuscht, als ich die Nachricht bekam. Der vierte Platz war für mich ein totaler Schlag ins Gesicht. Ich war felsenfest davon überzeugt, dass er das Rennen locker gewinnen würde.

Heute würde ich sagen: »Wahnsinn, auf dieser Distanz der vierter Platz! Super!« Ich war einfach total schockiert, vor allem, als ich hörte, wie Almondo sich aufgeführt hatte. Sofort beschloss ich, das beim nächsten Rennen selbst in die Hand zu nehmen. Ich sagte extra einen Kurs ab, was ich zuvor noch nie getan hatte.

Wir fuhren nach Mannheim und erlebten dann genau dasselbe wie Christian. Nur musste ich mich nicht übergeben, aber mir war hundeelend! Almondo führte sich auf, wie ein Neandertaler. Er trat sich ein paar Eisen runter, er bockte und stieg. Im Rennen war er dann Letzter!

Meine Enttäuschung war gigantisch. Überhaupt war ich am Boden zerstört. Trotz dieser zwei herben Schlappen, schwor ich mir: »Ich mache weiter!« Ich dachte mir, irgendwie ist das spannend: »Ich kann unter Beweis stellen, was ich drauf habe.« Die Dual-Aktivierung und alles, was ich mit Pferden mache, ist nicht nur dazu da, um ungezogenen Pferden wieder Manieren beizubringen, sondern auch, um Leistungspferde zu trainieren. Eine Erkenntnis, die sich inzwischen auch in anderen Pferde-Leistungssportarten durchsetzt.

Nach Mannheim wusste ich nicht mehr weiter. Das dritte Rennen in Hassloch ging über 1600 m, dort wurde Almondo zweiter. Da waren wir dann na-

türlich sehr glücklich. Es war seine Distanz. Damit hatte er seine drei Rennen und war »ausgehandicapt«. (Was bedeutet, dass ein Pferd sein »GAG = Generalausgleichgewicht« erhält. In den so genannten Ausgleichsrennen tragen die Pferde verschiedene Gewichte – die schlechten weniger, die guten mehr. Auf diese Weise möchte man eine Chancengleichheit herstellen. Für jeden Sieg bekommt man zwischen drei und fünf Kilo mehr, für jeden Platz ab dem vierten ein halbes bzw. ein Kilogramm weniger.)

Es wurde natürlich zusehends schwieriger, einen Jockey für so eine verrückte Rakete zu finden. »Solche« Pferde sprechen sich schnell rum im Jockey-Lager. Beim nächsten Mal in Mannheim entschieden wir, den Reiter zu wechseln und verpflichteten Elke Zenz. Wir glaubten an ihre weibliche Intuition und hofften, sie würde Almondo gut tun.

Wir fuhren um fünf Uhr morgens zusammen mit Elke los. Das Wetter war zu diesem Zeitpunkt schön. Kurz vor Stuttgart, begann es zu regnen. Es schüttete wie aus Kübeln. Plötzlich blinkte uns von hinten jemand wie ein Wahnsinniger an. Ich sah im Spiegel ein paar Teile von unserem Hänger wegfliegen. Ein Reifen des Hängers qualmte. Glücklicherweise konnten wir gleich auf eine Raststätte auffahren. Als wir anhielten, brannte der Reifen tatsächlich! Schnell löschten wir mit dem kleinen Autofeuerlöscher den stinkenden Brand. Die genauere Untersuchung des Schadens ergab, dass der Reifen wohl blockierte. Durch die Nässe auf der Fahrbahn hatten wir das nicht gehört. Wir mussten den Hänger aufbocken und den Reifen wechseln – alles während Almondo im Hänger stand. Das Pferd verhielt sich komplett ruhig. Wahrscheinlich sparte er sich seine Kräfte für den Führring auf. Ich musste mich schütteln, als ich mir das vorstellte …

Wir hatten den Reifen gewechselt und wollten losfahren, aber es ging gar nichts mehr. Kurzerhand rief ich den ADAC. Es dauerte über eineinhalb Stunden, bis er kam. Dann ging alles sehr flott: Der Mechaniker öffnete die Bremstrommel und erklärte uns, dass es da drin alles zusammengeschlagen hatte. Er schlug uns vor, die Gelenke herauszunehmen. So konnten wir vorsichtig weiterfahren.

Inzwischen hatten wir schon zwei Stunden verloren. Almondo stand immer noch total brav in seinem Hänger, wirklich vorbildlich. Er hatte keinen Muckser gemacht, als wir den Hänger anhoben.

Wir hatten mittlerweile viel Zeit verloren und ich war mir nicht sicher, ob wir pünktlich zum Rennen eintreffen würden. Wir kamen 55 Minuten vor dem Rennen in Mannheim an.

Als wir Almondo gut in seiner Box untergebracht hatten, kam das nächste Unglück: In Mannheim sind die Dächer der Gastboxen aus Blechplatten. Kaum stand der Wallach in seiner Box, hagelte es wie verrückt. Die Hagelkörner waren so groß wie Golfbälle und der anschließende Regenguss erinnerte an einen Sturm im tropischen Urwald. Prairie Almondo drehte beinahe durch. Der Wahnsinn. Zwei, drei Minuten, dann war das Spektakel vorbei.

Noch während des Hagels holten wir ihn aus der Box und führten ihn herum. Er war ruhiger als in seiner Box. Kurz darauf machten wir ihn für den Führring bereit. Er benahm sich einigermaßen und ließ sich auch ohne größere Probleme auf die Bahn bringen.

Alle Pferde standen für das Rennen bereit. 13 Starter, ein großes Feld mit starker Konkurrenz. Ich machte mir keine Hoffnungen. Als nach mehreren Minuten alle Pferde in der Startmaschine standen, senkte sich endlich die gelbe Flagge zum Start. Das *Briiing* ertönte als Startsignal über den gut gefüllten Rennplatz. Die Tore der Startmaschine öffneten sich und Almondo kam gut weg. Er hielt gleich von Anfang an mit. Er lag so an zweiter, dritter Stelle. Meine Finger krallten sich in die weiße Umfriedung des Geläufs. »Eintausendvierhundert Meter, die Distanz zum Ausgleichsrennen vier ist gestartet!«, schepperte die Stimme aus dem Rennbahnlautsprecher. Nach einer Ewigkeit – so schien es mir – tauchte die Gruppe aus dem Wäldchen wieder auf und ging in den Schlussbogen. Wieder meldete sich der Rennbahnsprecher und seine Stimme wurde langsam dramatischer, denn man konnte ahnen, was sich da anbahnte: »Prairie Almondo übernimmt die Führung, Prairie Almondo, Prairie Almondo«, der Sprecher überschlug sich fast, »Prairie

Almondo läuft hier allen davon! UND ... bringt den Sieg nach Hause, meine Damen und Herren, Prairie Almondo gewinnt das Ausgleich-vier-Rennen am heutigen Renntag in Mannheim!«

Mein Gott, der erste Sieg. Das war ein Traum. Auf der Fahrt nach Hause hörten wir »We are the Champions«, den Klassiker von Queen. Wir weinten vor Freude, das war eine höchst emotionale Fahrt. Zu Hause feierten wir den Sieg. Im Eifer des Gefechtes flog sogar unser Fernseher runter. Es war ein unbeschreiblich schöner Tag ...

Im Taumel des Glücks plante ich meine gesamte Weideanlage um, die auf der anderen Straßenseite gegenüber meines Hofes ca. 2 ha umfasste. Es musste eine eigene Rennbahn her!

Wenn uns nicht alle schon für komplett übergeschnappt hielten, dann war es spätestens jetzt so weit. Zur Realisierung des Vorhabens brauchten wir rund drei Monate und es verschlang dazu auch ein kleines Vermögen. Die Weiden mussten neu eingeteilt werden, es mussten neue Zäune errichtet werden, die Bahn musste gebaut und planiert werden, dazu wurden ca. 1000 Tonnen Sand verbraucht.

Nun hatten wir mit unserem Laufband, den Hindernissen der Dual-Aktivierung und der 480 m Sandbahn eine passable kleine Trainingsanlage für unseren Hausgebrauch.

Der nächste Renn-Trip führte uns nach Dresden. Da schrieb die »Sportwelt« vorab, Prairie Almondo müsse erst einmal schauen, wie er mit der großen Bahn zurechtkommt.

Es gibt A- und B-Bahnen. Mannheim ist eine B-Bahn, Dresden eine A-Bahn. Das hat nichts mit der Größe der Bahn zu tun, sondern mit der Qualifikation. D.h., dass in München andere Pferde im Ausgleich 4 starten als in Mannheim. Der Unterschied liegt in der Leistungsklasse. Das sind einfach stärkere Pferde, weil die Bahnen etwas schwieriger sind. Die Geraden sind länger. Die Pferde geben auf ihnen schneller auf, weil einfach mehr gefordert wird.

Nach einer Mammutfahrt von acht Stunden erreichten wir Dresden. An diesem Tag waren wir gut 16 Stunden auf Deutschlands Autobahnen unterwegs, denn wir fuhren nach dem Rennen gleich wieder zurück. Almondo kam dort auf den dritten Platz.

Ich war mal wieder etwas enttäuscht, schließlich wollte ich Seriensieger werden.

Unser nächstes Ziel sollte das Rennen in Baden-Baden sein. Für unsere Verhältnisse war ein Start dort schon fast frech ... Almondo lief auf der Bahn in Baden-Baden nicht gut. Er war danach in keiner guten Verfassung.

Wieder zu Hause riefen wir unsere Tierärztin. Sie fertigte ein EKG an. Danach überbrachte Sie uns die Diagnose: sehr schwere Herzmuskelentzündung. Ich war am Boden zerstört, denn das war für das Pferd das klare AUS. Keiner hatte sich mehr große Hoffnungen gemacht, dass sich Almondo davon noch einmal erholen würde.

Wir behandelten Almondo mit allem, was angebracht war. Es war wie ein Wunder – nach einer Woche Koppel merkte man bereits, dass es ihm wieder viel besser ging. Plötzlich hatte er wieder Mumm in den Knochen, er hatte wieder Lust, etwas zu tun. Also begannen wir, wieder ganz leicht mit ihm zu arbeiten.

Nach drei Wochen wurde noch einmal ein EKG unter Belastung gemacht. Die Tierärztin war von den Socken und deutete auf das EKG: »Man sieht nichts mehr. Die Sache ist komplett ausgeheilt!« Wir waren natürlich alle total happy!

Mutig meldeten wir für München. Das war ein ganz großer Traum für mich, obwohl Mondis Besitzerin uns für diesen Ort immer ein wenig blockierte. Sie wollte wohl nicht vorgeführt werden. Was sollten ihre Stallkollegen denken: Sie gibt den Wallach ab, der keinen Blumentopf mehr gewinnt und bei uns läuft er beständig im Geld. Das war das Problem. Aber ich setzte mich durch und Mondi sollte am ersten November starten.

In dem Rennen lag er sehr weit hinten. Aus heutiger Sicht weiß ich, dass er viel zu schwer war. Mit seinen 532 kg hätte er eher Schnitzel ausliefern sollen, als ein Rennen gehen. Hinzu kam das schlechte Geläuf.

Trotz Mondis eher mäßigem Ergebnis planten wir noch einen Start Mitte November. Ausgerechnet am letzten Renntag entschlossen wir uns, ihn mit Scheuklappen laufen zu lassen. Bei der Vorbesprechung, die vor jedem Rennen mit dem Jockey stattfindet, gibt der Besitzer oder Trainer letzte Anweisungen, wie das Pferd zu reiten ist.
Das hört sich dann meistens so an: »Reit ihn vorwärts, aber nicht so ganz« oder »Pack ihn an, aber pass auf!« oder »Lass ihn gehen, aber nicht so richtig«. In der Regel steigt dann ein total verwirrter Jockey auf, der so gut es geht, zu erahnen versucht, was der Besitzer nun meinte. So war es wohl auch damals. Ich gab der Reiterin die Anweisung: »Reit ihn vorne!«. Das hat sie dann auch wörtlich genommen. Mondi führte nach dem Schlussbogen mit 40 Längen. Natürlich brach er dann in der Zielgeraden ein und wurde Vorletzter.

Das hatte dann zu einem Riesenkrach mit der Besitzerin Frau Biller geführt. Sie warf uns alles Mögliche vor. Zum Beispiel, dass wir sie auf der Bahn blamieren wollten und lauter so Schmarren. Es war einfach ein Missverständnis zwischen mir und der Reiterin, sonst nichts. Ich hätte ganz klar definieren sollen, was ich mit »vorne gehen« meinte – z.B. zweite, dritte Stelle, aber ruhig sitzen bleiben. Auch ich musste erst einmal in diesem für mich neuen Sport meine Erfahrungen sammeln. Wie ist die Sprache, wie lauten die Kommandos ...

4. Kampf um Almondo

Der Auftritt am letzten Renntag blieb natürlich nicht ohne Folgen. Wie schlimm es werden sollte, ahnte ich da noch nicht. Almondo war mir und allen anderen auf dem Hof in der Zwischenzeit mehr als ans Herz gewachsen.

Er hatte ja so viel bewegt – nicht nur für uns: Er hatte indirekt auch wahnsinnig viel für andere Pferde getan. Denn von unserer Philosophie (ein Rennpferd kann auch auf die Weide gehen und dressurmäßig geritten werden) konnten wir selbst den einen oder anderen »Hardliner« überzeugen. Sie schauten sich unsere Arbeit an und stimmten zu: »Mike, Du hast Recht, man muss anders mit Rennpferden umgehen.«

Anfang 2006 wurde ich dann aus meiner »Rosa-Renn-Blase« geholt und daran erinnert, dass Mondi nur ein gepachtetes Pferd war. Als Besitzertrainer darf man nur Pferde trainieren, die einem gehören. Also pachtet man ein Pferd, das dann unter dem eigenen Namen läuft. Dieser Pachtvertrag wurde immer wieder von Mondis Besitzerin hinausgezögert. Es war eine äußerst schwierige Situation für mich.

Frau Biller war keine einfache Person, Sie spürte, dass sie mich mit dem »Faustpfand Almondo« absolut in der Hand hatte. Wenn sie mir damit drohte, Mondi wieder heimzuholen, dann funktionierte ich.

Ich konnte mich immer mehr in Eltern hineinversetzen, deren Kind entführt wurde, genauso fühlte ich mich. Dieser Nerventerror lief ja bereits eineinhalb Jahre.

Mondi zu verlieren, hätte mich zerrissen. Eine falsche Handlung von mir und er wäre weg. Jeden Tag galten mein erster und mein letzter Gedanke Mondi. Ich fragte mich immer wieder: »Was ist, wenn sie ihn mir wegnimmt?« Nachts plagten mich Albträume. Ich träumte, dass Mondi von Frau Biller gekidnappt wurde und ich ihn überall suchte. Morgens wachte ich meist schweißgebadet auf.

Ich hatte mir vorher nie vorstellen können, wie es zu einer extremen Abhängigkeit zwischen Mann und Frau kommen kann. Oder warum misshandelte Ehefrauen meist lange bei ihren gewalttätigen Männern ausharren. Es muss immer etwas mit Erpressung zu tun haben, nun war es mir klar. Diese Frau spielte mit mir. Mit mir, einem gestandenen Mannsbild.

Dann kam eines Tages endlich der Pachtvertrag, der alles regeln sollte. Er kam zwar spät, aber er kam. Frau Biller besuchte uns erneut, dieses Mal

hatte sie ein Mädel dabei. Es war wohl eher eine bezahlte Schauspielerin, denn als sie zu Almondo in die Box kam, fing sie gleich ganz theatralisch an zu heulen. Sie schluchzte: »Er schaut so schlecht aus ...«

Wir waren total verwirrt, weil Almondo wirklich gut aussah. Einige Wochen zuvor hatte er Probleme mit dem Fellwechsel. Da war er zwei, drei Wochen ein wenig struppig. Es kam heraus, dass seine Leber nicht ganz in Ordnung war. Wir ließen ihn daraufhin behandeln.

Er war zu diesem Zeitpunkt etwas auf Diät, damit er leichter über den Fellwechsel kam. Wer unsere Pferde kennt, der weiß, dass es auf dem ganzen Hof keins gibt, das ungepflegt oder gar zu dünn ist.

Ich hatte endlich den Pachtvertrag in der Tasche! Das erste Rennen stand für den 23. April fest. Ein paar Tage vorher rief mich Frau Biller an. Sie sagte mir, sie hätte bei ihrem letzten Besuch Haare von Almondo mitgenommen und diese analysieren lassen. Es hätte sich herauskristallisiert, dass das Pferd einen kapitalen Leberschaden hat. Mit solch einem Leberschaden wäre es unmöglich, das Pferd laufen zu lassen. Sie erzählte mir zudem, sie hätte geträumt, dass sich Almondo auf der Bahn das Bein bricht. Ich spürte, was sie wollte ...

Sie wollte mir um jeden Preis das Pferd abziehen. Amondo würde künftig ja unter meinem Namen laufen, das wurde ihr langsam bewusst. Damit hatte sie wohl ein echtes Problem. Ich antwortete ihr, dass ich mit dieser »Haaranalyse« nichts anfangen könne.

Frau Biller sagte zu mir: »Man muss sich das wie eine Drogenanalyse vorstellen. Möchtest Du dafür verantwortlich sein, wenn sich Almondo auf der Rennbahn ein Bein bricht?« Das war der mieseste Druck, den man auf mich ausüben konnte. Dieses Pferd war ja praktisch mein Heiligtum. Es ging hin und her ...

Ich rief die Tierärztin an, die angeblich diese »Haaranalyse« gemacht hatte. Sie bestätigte mir, dass Prairie Almondo einen Magen- und Leberschaden hat. Zu diesem Zeitpunkt war ich noch positiv beeindruckt. Ich sagte ihr: »Ich finde es toll, dass ein Institut so etwas herausfinden kann.« Dann gab sie kleinlaut zu: »Nein, kein Institut. Ich habe das ausgependelt.« Da hat es mich fast zerrissen. Ich schrie: »Jetzt bitte Stopp, es reicht. Ich habe das Pferd von einer Internistin der Pferdeklinik München untersuchen lassen. Von ihr wurde diese Diagnose nicht bestätigt. Und jetzt kommen Sie mir mit solch einem Sch ...? Sie erzählen mir hier etwas von einem Pendel? Schluss!« – Ich war absolut angefressen.

Das Resultat: Frau Biller flippte komplett aus. Sie wollte mir am Renntag einen neuen Pachtvertrag übergeben, mit geändertem Rückgabetermin. Das Pferd sollte im November an sie zurückgehen. Natürlich sagte ich »nein!«, denn das war so nie abgesprochen. Unsere Vereinbarung lautete klipp und klar, dass ich Almondo so lange behalten darf, so lange er an Rennen teilnehmen kann. Und Rennpferd ist er erst einmal bis er 13 Jahre ist. Natürlich nur, wenn er gesund und fit bleibt.

Dieser Zeitraum von Anfang Mai bis ungefähr November war äußerst spannungsgeladen. Es war dieser tägliche Terror, aber vor allem auch die Ungewissheit, mit der wir uns rumschlugen. Nimmt sie mir das Pferd ab? Findet sie vielleicht irgendein Schlupfloch in dem Vertrag ...?

Ich erklärte Frau Biller dann, dass ich das Theater nicht mehr länger mitmache. Sofort schaltete sie einen Rechtsanwalt ein. So gingen ungezählte Schreiben zwischen unseren Anwälten hin und her. Das Ganze hatte mich viel Energie gekostet und eine Menge schlafloser Nächte dazu, in denen ich darüber nachdachte, wie ich das Problem lösen könnte.
Vielleicht hätte ich selbst teilweise nicht so extrem reagieren und doch wieder nachgeben sollen … Eins stand für mich aber fest: Ich würde dieses Pferd nie mehr zurückgeben! Nur über meine Leiche!

Wenn man bedenkt, wie Almondo aussah, als er bei uns ankam, in welchem Zustand er war … Bei uns fühlte er sich pudelwohl. Ich hing an ihm wie Mooshammer an Daisy oder wie Ken an Flicka. Nicht, weil er mir als Rennpferd die Kassen füllen sollte, sondern weil er einfach *mein Mondi* war. Ich war soweit und hätte das Pferd einfach verschwinden lassen …

Doch plötzlich kam es zu einer Wende. Die Rechtsanwälte hatten sich ausreichend auseinander gesetzt. Frau Biller bot mir das Pferd zum Kauf an. Sie wollte für Almondo 7000,- Euro haben, ein horrender Preis. Ich hätte natürlich letztlich jeden Preis für ihn bezahlt …

Wir saßen ein paar Abende zusammen und zermarterten uns das Gehirn. 7000,- Euro war eine Summe, die wir erst einmal frei machen mussten.

Das war auch für Almondo eine blöde Situation. Er spürte, dass irgendetwas nicht stimmte. Ich stand oft in der Früh traurig an seiner Box. Das konnte er nicht richtig zuordnen. Er dachte bestimmt: »Hey, ich bin gut gelaufen, mir geht es gut, was wollt ihr eigentlich?«

Wir bekamen den Betrag zusammen und machten alles wasserdicht. Prairie Almondo war endlich mein Pferd!

Die große Veränderung kam, als die Verhältnisse endlich geklärt waren. Das war Ende der Rennsaison. Prairie Almondo war zum ersten Mal in der totalen Winterpause. Er konnte richtig chillen. Er nahm schnell zu, sicher 30 Kilo, und bekam ein dickes Winterfell. Ich sagte zu Sabine: »Ich glaube, Almondo ist kein Rennpferd mehr. Er geht so relaxt, er hat gar keine Körperspannung mehr.« Natürlich bauten wir ihn im Training dann wieder entsprechend auf.

Glücklicherweise war die ganze Spannung weg. Almondo war unser Pferd, und wir brauchten uns um ihn keine Sorgen mehr zu machen. Er erholte sich das erste Mal so richtig und genoss seine Winterpause sichtlich.

Ich ließ ihn jeden zweiten Tag ein wenig arbeiten, entweder auf dem Laufband oder in der Dual-Aktivierung. Den Rest der Zeit verbrachte er auf der Weide, in der kühlen, klaren Winterluft Bayerns. Er tankte unheimlich viel Kraft und war sehr schnell wieder leistungsbereit.

In der nächsten Rennsaison brachte er sogar weniger Gewicht als im Vorjahr auf die Waage. Sein Stoffwechsel hatte sich neu eingestellt. Bei Almondo konnte man insgesamt eine deutliche Veränderung erkennen. Das zeigte sich auch gleich in der nächsten Rennsaison.

Bis heute läuft Prairie Almondo bei mir als Rennpferd und kann auf stolze zwei Siege, fünf zweite und fünf dritte Plätze sowie viele »Kurze-Kopf«-Entscheidungen in den verschiedensten Rennen zurückblicken.

5. Einsicht – Boa

In der Winterpause kam noch ein Rennpferd zu uns. Die Reiterin von Almondo berichtete uns von einer ganz lieben Stute, die immer zuverlässig ins Geld läuft. Ihre Besitzerin war nicht mehr in der Lage, das Pferd zu unterhalten.

Wir kauften das Pferd dann recht teuer ein ... Sie wissen ja, wie das bei uns läuft: »Mei ist die nett«. Hirn ausschalten – Herz einschalten.

Boa, diese zierliche, nussbraune, achtjährige Stute mit ihren funkelnden schwarzen Augen hatte es anfangs schwer, neben Almondo zu bestehen.

Sie machte es uns zu Beginn auch nicht ganz leicht. Man konnte sie kaum anfassen, sie zickte nur rum. Auch beim Reiten war sie schwierig. Wenn man sie nur leicht an den Zügel ranreiten wollte, stand sie schon senkrecht in der Luft.

Das Ganze endete damit, dass sich Kathy mit ihr überschlug und sie Boa dann verständlicherweise nicht mehr reiten wollte. Ich kam zu dem Schluss, dass die Stute wohl nicht so recht zu uns passte. Sie machte beim Longieren Schwierigkeiten, war vollkommen unkoordiniert und dazu nicht gerade eine Sympathieträgerin ...

Ich führe es heute darauf zurück, dass Boa wirklich im Schatten von Almondo stand. Wenn ich jemanden auf dem Hof herumführte, dann zeigte ich ihm immer zuerst Almondo, dann erst Boa. Ich muss zugeben, ich unterschätzte die Stute total.

Die ersten Rennen mit ihr 2006 waren eine Ernüchterung – Vorletzte, Vorvorletzte ... Vor den Rennen schwitzte und zitterte sie wie eine alte Oma. Es war eine Katastrophe. Das Wasser lief ihr in Bächen nur so runter. Irgendwann hatte ich ehrlich gesagt einfach keine Lust mehr, das Pferd zu trainieren. Mit so seinem Pferd auf die Rennbahn zu gehen, machte keinen Spaß.

Ich entschied, sie decken zu lassen. Sie sollte ein nettes Fohlen zur Welt bringen. Doch Daya (Sie werden sie später noch kennen lernen ...) sagte

uns immer wieder: »Boa will noch Rennpferd sein. Sie wird es Euch allen beweisen.«

Insgesamt ist sie 2006 acht Rennen gegangen. Ich war schon froh, wenn sie wenigstens einen sechsten Platz heimholte. Meine Frau Sabine, die mich zu allen Rennen begleitete, sagte irgendwann: »Die Boa gehört auf eine kürzere Distanz!«

Das Pferd ist immer 2000 m gelaufen und ich dachte bei mir: »Mei Wahnsinn, Frau! a) verstehst du nichts von Pferden, b) nichts vom Rennsport und c) bin ich hier der Meister!«

Aus Verzweiflung stimmte ich ihrem Vorschlag zu und wir entschieden, sie in einem 1300 m-Rennen zusammen mit Almondo starten zu lassen. Wir dachten, sie würde vielleicht unserem Schwarzen hinterherlaufen. Alle auf der Bahn lachten sich kaputt, als sie uns mit dem Pferd sahen. Ich hörte Sätze wie: »Du bist wohl von allen guten Geistern verlassen ...« Was hatte ich denn zu verlieren?

Das war einfach ein letzter Versuch, bevor ich Boa aus dem Rennsport nehmen wollte. Sie sollte mit Pascal van de Keere ins Rennen gehen. Pascal stieg auf, war gleich begeistert und sagte: »Wahnsinn, ein supertolles Pferd. Warum ist die immer 2000 m gelaufen? Das ist eindeutig ein 1600 m-Pferd.« Plötzlich meldete sich Boa ein wenig: »Hallo, ich bin's, Kollege Almondo, Deine unbeachtete Stallkollegin.«

Das nächste 1600 Meter-Rennen planten wir mit dem Champion Jockey Philip Minarik (er wechselte von Almondo zu Boa). Es war das letzte Rennen der Saison. Ich werde nie vergessen, wie der Rennbahnsprecher schrie: »Was ist das innen für ein Pferd? Das ist Boa, Boa – Boa holt den Sieg heim!« Zu unserer aller Überraschung war sie Favoritin. Die Leute hatten gesehen, wie toll sie arbeitete. Nach einem schnellen Ritt ging Boa also als Erste durchs Ziel! Wir waren alle total glücklich. Es war der erste Sieg in diesem Jahr. Ein krönender Abschluss!

Was ich nie vergessen werde: Am Morgen dieses Renntages ging ich in den Stall und erklärte Almondo und Boa, dass es wichtig wäre, wenn sie endlich einmal Geld einlaufen würden. Motiviert dazu hatte mich Raimund Nitsche. Er meinte am Vorabend am Telefon: »Geiti, Du machst das schon gut mit den Rennpferden, aber sag ihnen mal, dass sie gewinnen sollen und nicht immer nur auf die Plätze laufen.« Gesagt getan, just an diesem Tag siegte Boa!

Seit dem wir Boa haben, erzielte sie zwei Siege und drei dritte Plätze in den verschiedensten Rennen. Am 9. September 2007 fiel die Entscheidung: Boa lief ihr letztes Rennen. Sie zeigte uns deutlich, dass sie nicht mehr wollte. Wir werden Sie 2008 decken lassen und freuen uns auf ihren Nachwuchs, der hoffentlich mal genauso kämpfen wird, wie unsere Rennmaus Boa!

6. Demut – Solino

Alle meine Rennpferde lehrten mich ganz unterschiedliche Dinge. Dafür bin ich heute sehr dankbar. Von Solino erhielt ich eine ganz besondere Lektion. Er war das Pferd, das bei mir die unterschiedlichsten Gefühle auslöste: Verzweiflung, Wut, Erstaunen und Demut. Solino, ein Hengst, war damals drei Jahre alt. Ein groß gewachsener Apfelschimmel, den ich auf Empfehlung von Frau Biller kaufte. Ist das nicht Ironie des Schicksals? Frau Biller meinte, sie wüsste ein Pferd, das gut zu uns passte. Eben dieser mächtige Hengst. Wir fuhren hin – nur mal zum Anschauen ... Natürlich kamen wir mit dem unterschriebenen Kaufvertrag zurück. Bis heute habe ich fast jedes Pferd gekauft, was ich mir angeschaut habe.

Bereits das Verladen war schon eine Katastrophe. Da hätten wir eigentlich schon sehen können, was Solino für ein absoluter Sturschädel war. Wir trugen ihn fast in den Hänger. Später sollte er mich zu meiner bisher größten Niederlage meines Lebens im Bereich Pferd bringen.

Wenn man Solinos Verhalten beschreiben sollte, da müsste man fast sagen: »Er ist ganz einfach gestört.« Alles, was wir mit ihm machten, verlief kom-

plett anders, als mit jedem anderen Pferd. Hufe aufheben – eine einzige Katastrophe! Er hatte Christian gleich beim ersten Mal über den Hof geballert. Das Longieren funktionierte eigentlich ganz gut, das machte ihm Spaß. Auch den Sattel akzeptierte er recht schnell und verhielt sich vollkommen unproblematisch. Dann saßen wir auf und brauchten beinah zehn Tage, bis das Pferd überhaupt den ersten Schritt machte. Solino hatte sich nicht bewegt, einfach zehn Tage lang nicht bewegt. Was ich von unten machte, war ihm egal. Das Pferd bewegte sich einfach nicht. Was der Reiter oben machte, hatte ihn ebenfalls nicht die Bohne interessiert.

Unser größter Erfolg war, dass wir in nach ungefähr drei Wochen eine Runde auf dem Platz führen konnten, mit Reiter. Na toll! Gottseidank kam dann plötzlich die Wende und er entwickelte sich schön. Er lief gut in der Dual-Aktivierung, während Christian ihn ritt.

Es war Winter, als ich meinen ersten richtig großen Fehler mit ihm machte, denn ich übertrieb das Dual-Aktivierungs-Training mit ihm total. Wir waren noch geprägt von Mondi und seiner Freude am Laufen. Mondi lief ja jeden Tag in der Dual-Aktivierung wie ein Wahnsinniger. Ich dachte, dass das auch für Solino okay ist. Auf einmal streckte er die Segel und verweigerte sich komplett. Er war dann auch nur noch ganz schwer reitbar. Da es langsam ins Frühjahr ging, entschieden wir, dass er nun auf die Rennbahn kommt.

In einem professionellen Rennstall sollte er lernen, mit den anderen jungen Pferden zu galoppieren. Das war dann sehr spannend. Er war bis zu dem Zeitpunkt, als er auf die Rennbahn kam, noch nie mit Reiter galoppiert.

Solino war wie gesagt drei. Am ersten Januar hatten wir ihn ganz schonend eingeritten. Dann kam die erste Überraschung: Solino war schon nach dem dritten Galopp einer der besten Dreijährigen, die dort im Stall waren.

Hier griff das Prinzip: »Geh ein Jahr Schritt und den Rest kriegst Du geschenkt.« Dass der Galopp eine angeborene Fluchtgangart ist, die das Pferd nicht zu lernen braucht, sondern aus der Hüfte heraus, sofern es gut ausbalanciert und vorbereitet wurde, erledigen kann, sah man an ihm. Das hat dann auch super funktioniert, er wurde immer besser.

Dann kamen die Monate Mai und Juni, die Zeit in der er in die Startmaschine sollte. Jedes Rennpferd braucht erst einmal eine Art »Startmaschinen-TÜV«, bevor es im ersten Rennen eingesetzt werden darf. Das geschieht zum einen, damit die Zeitpläne bei Rennen eingehalten werden, zum anderen natürlich zum Schutz der mitreitenden Jockeys, die bereits in der Startmaschine stehen.

Solino ging problemlos zweimal durch die Startmaschine, dann führte ihn Nadja zurück und ab diesem Zeitpunkt ging nichts mehr. Total-Verweigerung!

Es war die klassische Situation, in die quasi jeder gebracht wird, der sein Pferd nicht in den Hänger, die Startmaschine oder sonst wo reinbringt: Einer rackert sich mit hochrotem Kopf ab und 20 Personen stehen außen rum und geben ungefragt ihre schlauen Kommentare dazu ab. Alle 20 wissen es natürlich viel besser. Man selbst wird von einer totalen Machtlosigkeit überfallen. Ich verstehe jeden, der dann nicht so viel Mumm hat und sich den Strick aus den Händen nehmen lässt. Letztlich ging das Pferd dann rein, aber nicht sehr zuverlässig.

Da ich einen Vier-Tages-Kurs vor mir hatte, gab ich im Rennstall die Anweisung: »Wenn er morgen wieder diese Schwierigkeiten macht, lasst ihn bitte sofort stehen, dann mach ich es selber!«

Noch während ich auf dem Weg zu meinem Kurs war, rief mich der Rennstall an und berichtete, dass Solino heute ganz brav war. Auch am nächsten Tag ging er problemlos in die Startbox. Am dritten Tag hieß es: »Na ja, er hat ein wenig Schwierigkeiten gemacht.« Am vierten Tag ging er dann gar nicht mehr rein.

Ich fuhr mit qualmenden Reifen zurück nach München. Als ich die Boxentür von Solino öffnete, hätte ich beim Anblick des Pferdes heulen können. Ich dachte, vor mir steht ein Schlachtpferd und nicht mein mächtiger Hengst Solino. Er war abgemagert, hatte einen total stumpfen Blick und Höhlen über den Augen, so tief, dass Du fast eine Hand hättest reinstecken können. Ich holte ihn natürlich sofort heim.

Ich war sehr verärgert über die Sache. Vor allem darüber verärgert, dass sie mich nicht gerufen hatten. Sie mussten unbedingt selber an dem Pferd »rumdoktorn«, es selber machen, bloß nicht den Geitner um Hilfe bitten ...

Mit dem Rennstall kam es zum Bruch. Und Solino benahm sich seit den Geschehnissen fürchterlich. Das war ein unfassbarer Rückschlag.
Gleich am ersten Tag bei uns auf dem Hof hatte er gekolikt, er war dehydriert, weiß der Himmel warum. Es war eine echte Katastrophe. Er hatte einen Blähbauch wie eine trächtige oberbayrische Kuh.

Wir mussten das ganze Jahr 2006 hart daran arbeiten, dieses Pferd wieder auf die Beine zu stellen. Bei uns sah es aus wie in einer Reha-Klinik. Trotzdem war Solino weiter schlecht beieinander. Er hatte schlechte Leberwerte, ein stumpfes Fell und sah einfach fürchterlich aus. Sein Futtertrog, der täglich mit den teuersten Zusatzfuttermitteln bestückt wurde, war ein Fass ohne Boden.
Der Hengst war ab da nicht mehr reitbar. Er führte sich bei allen Versuchen auf, wie ein Verrückter. Erst Anfang 2007 ging es wieder langsam bergauf mit ihm. Im Februar kam Uwe zu uns. Ein Reiter mit einem goldenen Händchen für ganz schwierige Pferde.
Uwe hatte unfassbare Auseinandersetzungen mit Solino, aber glücklicherweise kannte er keine Angst. Schließlich freundeten sich Solino und Uwe richtig an. Es passierte etwas, was ich bis heute bei diesem Pferd nicht verstehe. Wenn ich ihn auf die Koppel stellte, ihm eine Paddockbox gab und er von einem lieben »Dutzi-Dutzi-Reiter« geritten wurde, war er todunglücklich. Dann hatte er einen Blähbauch, ließ den Rücken durchhängen, hatte einen stumpfen Blick und machte einfach zu. Ritt man ihn hingegen jeden Tag bis an seine Grenze, dann war er happy in seinem »Job«.

Also brachten wir ihn wieder auf die Rennbahn, diesmal natürlich zu einem Trainer, dem wir deutlich mehr vertrauten. Er sollte einfach wieder ans Galoppieren gebracht werden. Wir wollten ihn im Lot (in der Gruppe) gehen lassen. Das funktionierte auch sehr gut. Die Startmaschine blieb weiter ein Problem.

Ich ließ kurzerhand eine Startmaschine bauen. Mit der Fotografie eines Modells ging ich zu meinem Schlosser. Er schweißte mir das Ding in Originalgröße innerhalb einer Woche zusammen.

Nun konnten wir in aller Ruhe üben. Wir übten den ganzen Winter über mit ihm. Wir übten und übten. Irgendwann ging Solino dann widerwillig, mehr schlecht als recht hinein ... Es war ihm sichtbar lästig, was wir von ihm verlangten. Er ließ sich viel Zeit, ein Rennpferd ist ja schließlich kein D-Zug. Wir mussten uns schon fünf bis fünfzehn Minuten gedulden, bis sich der gnädige Herr bequemte, in der Startmaschine Platz zu nehmen.

Eigentlich war es jedem klar, dass er noch immer die Münchner Maschine im Ohr hatte, in der ihm das alles widerfahren war, und er deshalb nicht reinging. Selbst überschwängliches Lob, tausende von Streicheleinheiten während er in der Startbox stand, konnten ihn nicht mehr überzeugen. Er hatte seinen Entschluss gefasst, nachtragend zu sein und ließ uns auflaufen. Schließlich saß er ja am längeren Hebel.

Solino ließ uns nicht viele Möglichkeiten. Ihn als Freizeitpferd zu verkaufen, war ausgeschlossen. Er war einfach zu schwierig. Er hatte zwar Talent für die Dressur, aber jeder klar denkende Dressurreiter tut sich so ein Pferd nicht an. Hätte ich ihn nur auf die Koppel gestellt, dann wäre er auch unglücklich geworden.
Ich wusste nicht, wie ich dem Pferd gerecht werden sollte. In mehreren schlaflosen Nächten kam mir die Idee, ihn im Hindernisrennen einzusetzen. Dazu muss man sagen, dass alle am Hof – mich eingeschlossen – Hindernisrennen hassen. Auch wenn dort gute und trainierte Pferde starten, die Verletzungsgefahr ist einfach hoch. Aber es wird eben »fliegend« gestartet – mit einem Seil, ohne Startmaschine.

Wir bastelten voller Hoffnung aus alten Holzkisten kleine Hindernisse mit Reisigzweigen obendrauf, wie sie beim Hindernisrennen verwendet werden. Uwe mühte sich ab, dem Wallach (diesen Stress hatten wir ihm inzwischen

genommen) das Springen über die Mini-Hindernisse schmackhaft zu machen. Doch wir hatten die Rechnung – wie so oft – ohne den Wirt gemacht. Solino schlurfte bei jedem Sprung mit den Hinterbeinen über die Hindernisse, dass sich jeder dicke Haflinger vor Lachen den Bauch gehalten hätte und besser gesprungen wäre. Das Schlurfen verfeinerte Solino so weit, dass er es bald schaffte, das gesamte Hindernis mitzureißen.

Ich glaube, es gibt kein Pferd, bei dem ich so viel versucht habe, wie bei Solino. Ich habe mit so vielen Leuten gesprochen, nach Lösungen gesucht, mir Rat eingeholt. Heilpraktiker, unterschiedliche Therapeuten und sonstige Heiler gaben sich bei uns die Klinke in die Hand. Irgendwo musste man doch vielleicht eine Belastung wegnehmen können, die er mit sich herumtrug.

Bei ihm waren die Wege alle fruchtlos, aber von dem Einen oder Anderen konnten natürlich die anderen Pferde profitieren. Unter anderem z. B. auch Boa. Ihr Hauptproblem war, dass sie immer Harnverhalten hatte. Das konnten wir mit Hilfe eines Heilpraktikers auflösen. Seit dem ist sie ein ganz anderes Pferd. Solino konnte leider von keinem Therapeuten geholfen werden, aber dafür wurde ein anderes Pferd weit nach vorne katapultiert.

Die Wende kam mit einem Trainerkollegen, der auf meinem Hof zu Besuch war. Wir saßen auf unserer Terrasse und hielten einen Plausch. Wir sprachen natürlich über Pferde. Uwe kam gerade mit Solino von der Trainingsbahn zurück und hatte die Eingebung, dass Solino heute mit ihm in die Startmaschine gehen würde. Wie sooft war es eine falsche Eingebung. Solino rammte konsequent alle vier Beine in den Boden, dass es qualmte, und sagte »Nein!«. Plötzlich fragte mich Horst, ob er mir mal etwas zeigen könnte. Ich lächelte ihn müde an und sagte: »Mach, was Du willst. Von mir aus spreng die Startmaschine mit Dynamit!« Er stand auf und ließ sich ein 20 Meter langes Seil und zwei Longierpeitschen geben. Er befestigte das Seil am Halfter, legte es über die vordere Rolle und dann wieder zurück nach hinten, so dass es wieder bei ihm in der Hand ankam. Mit den Longierpeitschen begrenzte er Solino rechts und links und postierte sich hinter Solino. Immer, wenn der

Hengst nur nach vorne dachte, kam ein lang gezogenes »Braaav«. Wenn er nach hinten zog, hielt Horst nur leicht dagegen und bewegte die Peitsche, ohne Solino auch nur damit zu berühren. So war Solino in fünf Minuten in der Maschine – erst ohne und dann mit Reiter. Horst ließ ihn immer wieder rein- und rausgehen. Wenn Solino in der Maschine stand, wackelte er und machte Krach. Mir ist fast schlecht geworden.

Immer wieder sagte ich nervös: »Okay, das passt jetzt schon!« Aber Horst ließ sich nicht beeinflussen und führte die Lektion zu Ende. Danach waren wir alle froh und glücklich zugleich.

Die Sache machte natürlich die Runde. Ein paar Tage später sprach mich eine entfernte Bekannte am Telefon an und fragte: »Stimmt das, dass der Horst Dir ein Pferd in die Startmaschine laden musste?« Das klang wie: Der große Michael Geitner hat versagt und ist nun kein guter Trainer mehr. Soll ich Ihnen mal was verraten? Das war mir absolut egal. Ein Leben wird nicht reichen, um alles erlernen zu können, was es ums Pferd zu lernen gibt. Wenn einer die richtige Idee und die richtige Technik hat, dann ist das doch super. Ein anderes Mal habe ich vielleicht wieder den entscheidenden Tipp für einen anderen. Arm ist der, der glaubt, er braucht keine Hilfe und weiß schon alles, denn ihm bleiben die besten Sachen verborgen!

Ob aus Solino je ein Rennpferd wird oder nicht, weiß ich heute noch nicht. Bei ihm wurde noch eine Kohlehydrat-Unverträglichkeit festgestellt. Mit seinem neuen Futter ist aus ihm bereits ein anderes Pferd geworden. Langsam keimt die Hoffnung wieder auf ... Wenn aus ihm kein Rennpferd wird, dann eben ein gutes Freizeitpferd, denn im Gelände und auf dem Reitplatz verhält er sich wie ein Lamm.

7. Geduld – Miss Anabell Lee

Miss Anabell Lee wollte eigentlich jemand anderes kaufen und sie bei uns dann erst einmal unterstellen. Allerdings gab es dann Meinungsverschiedenheiten und das Pferd sollte wieder zurück in den Rennstall. Meine Frau Sabi-

ne hatte Miss Anabell Lee – genannt Annie – schon ein Jahr zuvor gesehen und war begeistert von ihr. Sie wollte sie unbedingt haben.

Als ich hörte, dass Annie zurück in den Rennstall sollte, wusste ich, was ich zu tun hatte. Meine Frau würde Annie niemals zurück in den Rennstall gehen lassen, zu sehr hatte sie das Pferd begeistert. Mir war sie zu dünn und eigentlich etwas zu nichts sagend. Wieder einmal hatte ich es nicht erkannt (ähnlich wie bei unserem Hof), welcher Juwel sich hinter dieser Stute verbarg. Ich rief den Nochbesitzer an und trat mit ihm in Verhandlungen. Wie gesagt, ich wollte die Stute nicht und war eigentlich nicht bereit, auch nur einen Cent für Sie zu bezahlen. Im Rennsport ist es möglich, ein Pferd auch aus den zu erwartenden Gewinnen zu bezahlen, das war meine Idee. Annies Besitzer sagte mir aber am Telefon, dass der jetzige Trainer im davon abgeraten hatte, sie mir auf dieser Basis zu verkaufen. Sie würde bei mir keinen Blumentopf mehr gewinnen. Er nannte meinen Stall eine Kolchose. Ich glaube, dass der Trainer nicht einmal weiß, was eine Kolchose ist, aber egal! Mich packte die Wut und ich legte das gesamte Geld auf den Tisch. Gott sei Dank!

Das Ergebnis im November 2007: Auf Anhieb konnte Annie nach unserem Training vom Ausgleich IV ins Ausgleich III, was einen Aufstieg bedeutete. Sie verbuchte bereits einen Sieg, einen zweiten Platz und zwei dritte Plätze – das gegen Pferde, die später fünf Klassen höher erfolgreich waren.

Annie war trotzdem ein sehr schwieriges Pferd. Mit den Rennpferden gibt es generell ein Problem: Wenn sie arbeiten und sich anstrengen müssen und nicht im Adrenalin sind, dann fangen sie an, sich zu spüren. Und das ist etwas, was diese Pferde nicht kennen. Das macht sie entweder sauer, dann gehen sie so richtig dagegen, oder sie verweigern einfach die Arbeit. Das ist eine These von mir. Es reagieren natürlich nicht alle gleich, aber gerade Pferde, die schon ein wenig kritisch sind, die randalieren dann schnell gegen das Training. Dann ist es natürlich gut zu wissen, warum es so ist. Man kann sich als Trainer nicht einfach hinstellen und sagen: »Das Pferd ist stur und wir zwingen es nun, dies oder jenes zu tun.«

Zwei, drei Monate hatte ich mit Anabell im Roundpen gearbeitet. Bei der Dual-Aktivierung war es immer wieder so, dass ich mir beim Longieren dachte: »Und täglich grüßt das Murmeltier!« Das Pferd machte immer wieder das Gleiche, den gleichen Zirkus: sie blieb immer fast schon punktgenau auf die Sekunde stehen, sie bockte, usw.

Ich setzte uns dann einen Zeitrahmen. Wir werden es schaffen, nicht heute, nicht morgen, aber irgendwann schon. Das stand für mich außer Zweifel. Aber wir mussten einfach warten. Kulant sein ...

8. Hoffnung und Trauer – Bowmore

Bowmore ist ein Pferd mit einer unglaublichen Geschichte. Als Zweijähriger wurde er hoch gehandelt, sogar noch deutlich höher, als sein sowieso schon sehr guter Vollbruder Berklay. Bowmore war das Produkt eines kleinen Züchters, der wie jeder Züchter den Traum hatte, einmal einen großen Wurf zu machen. Mit Bowmore schien ihm dies auch gelungen zu sein. Doch er sollte das Pferd leider niemals laufen sehen. Er erlag zuvor seiner schweren Krankheit. Von diesem Zeitpunkt an versuchte seine Ehefrau alles, um den Traum ihres Mannes zu Ende zu bringen. Bowmore war bei verschiedenen Trainern und konnte auch ein paar Rennen gewinnen. Immer wieder hatte er aber mit gesundheitlichen Problemen zu kämpfen und musste deshalb pausieren. Anfang 2006 beschloss die Besitzerin, ihn dann doch aus dem Rennsport zu nehmen. Bowmore wurde ein Freizeitpferd. Immer wieder sprach sie mich an, ob ich ihn nicht pachten und noch einmal trainieren wollte.

Im April 2007 holten wir Bowmore dann zu uns. Er sah gut aus. Natürlich fehlten noch die Muskeln und vieles andere, aber alles in allem war er ein tolles Pferd. Wir bemerkten schnell, dass er immer wieder Probleme hatte: Er rang nach Luft. (Im Rennsport bedeutet das, dass ein Pferd ein starkes Atemgeräusch hat und nach der Arbeit eine sehr lange Erholungszeit braucht.) Aber auch hier hatte Daya den richtigen Hinweis. Es war nicht die Lunge, sondern seine Psyche. Er konnte einfach nicht loslassen. Wir waren

jeden Tag hin und her gerissen, einmal himmelhoch jauchzend, dann wieder total am Boden. Aber er wurde ständig besser. Eines Tages war Bowmore hinten links »stocklahm«. Wir riefen natürlich sofort den Tierarzt. Er machte ein Röntgenbild und konfrontierte uns mit einer vernichtenden Diagnose: Das Pferd hatte eine Zyste am Strahlbein. Ende der Vorstellung. Wir waren alle geschockt! Ich rief die Besitzerin an und erzählte ihr die Geschichte. Sie sagte leise: »Ich bin morgen bei Ihnen in der Nähe, denn ich muss Blumen auf das Grab meines Mannes legen.« Als sie kam, war eine sehr, sehr traurige Stimmung am Hof und wir hatten uns fest vorgenommen, ihr Bowmore mit nach Hause zu geben. Als wir gemeinsam zu ihm gingen, streichelte sie ihn und sagte: »Komm Bowmi, Du bist so ein harter Kerl. Tu es für Deinen Herren im Himmel.«

Mir schossen die Tränen in die Augen. Wenn ich ehrlich bin, ich habe später geheult, wie ein kleines Kind. Ich beschloss, ihn nicht aufzugeben. Aber wie – was sollten wir tun? Noch einmal röntgen oder den nächsten Tierarzt bestellen? Der Zufall ergab, dass zwei Tage später Robert Reichlmayer, unser Osteopath, auf den Hof kam. Ich bat ihn, sich Bowmore anzuschauen. Er nahm das Bein hoch, grinste und sagte: »Der hat was, das hat von Tausend einer.« Er drehte kurz am Huf, stellte das Bein wieder ab und erklärte vollmundig: »Morgen läuft er wieder!« Ich dachte: »Ha, ha, wie soll denn das gehen?« Doch er behielt tatsächlich Recht. Wir konnten wieder trainieren.

Wir fuhren mit ihm danach oft nach München, um die lange Bahn zu nutzen. Er wurde besser und besser. Am 9. September 2007 war es dann soweit. Sein erstes Rennen stand an. Bowmore war gut dabei und am Ende kam er als Achter durchs Ziel. Das war okay nach so einer langen Pause. Das Training lief immer besser und der nächste Start war am 14. Oktober 2007. Diesmal auf eine kürzere Distanz, aber mit deutlich stärkeren Gegnern. Bowmore lief sehr gut mit und wurde nach gutem Kampf Sechster, nicht weit weg vom Sieger.
Als er das Geläuf verließ, sah ich bereits eine Taktunreinheit. Ich hoffte aber, dass ich mich getäuscht hatte. Der Jockey Philip Minarik war begeistert und

meinte, dass er im nächsten Rennen für einen Sieg fällig wäre. Doch schon in der Gastbox schwoll das Bein immer mehr, am nächsten Tag war er lahm. Diesmal gab es eine endgültige Diagnose: lädierter Fesselträger.

Bowmore wurde ein Freizeitpferd. Alle unsere Bemühungen und Hoffnungen waren dahin, aber wir hatten eine sehr schöne Zeit mit ihm. Es geht ihm sehr gut und er genießt es, nicht mehr im »Rennstress« zu sein. Das hatten wir schon die nächsten paar Tage bei uns gemerkt.
Irgendwie ist es komisch, ich freue mich für ihn, dass er jetzt nicht mehr laufen muss. Er hat den Druck endlich los. **Loslassen!**

Bildergalerie

Das bin ich mit knapp zwei Jahren.

Autos haben mich schon früh interessiert.

Ich war als Junge immer froh, wenn ich mal von den Pferden wegkam.

Pferde waren nicht mein Ding ... Dann schon lieber ein Fahrrad.

Mein Vater Siggi Geitner auf der alten
Ranch mit einem seiner ersten Pferde.

Mein Vater in seinem Element:
Reiten und leben wie ein Cowboy.

Ölkrise 1974. An diesem Sonntag wurde ein Fahrverbot verhängt und wir holten unsere Reitgäste mit der Kutsche vom Bahnhof in Kirchseeon ab. Ich bin der Kleine auf dem Fahrrad ...

Hier werden gerade die Pferde für den Faschingsumzug in Ebersberg fertig gemacht.

Wildwest-Romantik – für die
Menschen in dieser Zeit etwas
ganz Besonderes. Die Lokalpresse
unterstützte meine Eltern immer
mit wohlwollenden Berichten.

Wildwestromantik nach Feierabend

Reiterbetrieb nach Cowboymanier in Forstseeon / Mit fünfzehn Mark dabei

Kirchseeon. „Rancho Alegre" heißt es in klobigen Lettern auf den roh zusammengezimmerten Brettern über den Eingang zu dem ehemaligen Bauernhof in Forstseeon etwa einen Kilometer außerhalb von Kirchseeon. In den mannshoch umzäunten Koppeln davor und im Stall, der einst biederes oberbayerisches Fleckvieh beherbergte, steht heute ein respektabler Bestand von 12 Reitpferden, der Stolz ihres Besitzers, Sigi Geitner, seines Zeichens „Boss" des Reitbetriebes nach Cowboymanier.

Pflegt man in den herkömmlichen Reitclubs, wie beispielsweise in Markt Schwaben, Grafing oder beim Reitclub Steinsee, die sportlich ambitionierte Reiterei im klassischen Stil, so steht in Forstseeon der Spaß an der Freud', das Erlebnis des gemeinsamen Ausrittes an einem regnerischen Apriltag, einem taufrischen Sommermorgen oder herben Oktoberabend über einsame Feldwege, Stoppelfelder und dunkle Waldpfade, die Liebe zur Natur und zum Pferd, im Vordergrund. Vor allem junge Menschen aus der Großstadt, die angespannt im harten und nüchternen Berufsleben stehen, finden immer mehr hinaus aufs Land, in die noch unverdorbene Natur, die sie wiederentdecken. So besehen sollte man sie nicht belächeln, wenn sie mit einem Hauch Kindheitsromantik behaftet, hinausziehen auf schweren Westernsätteln und auf ihre Weise die Freizeit verbringen.

Erfreulicherweise befindet sich der Reitsport, mag es sich nun um sportliches Reiten oder nur um ein Hobby handeln, auf dem Weg zum Volkssport für jedermann. Längst ist es auch für den schmalen Geldbeutel erschwinglich, einen Nachmittag in munterer Gesellschaft auf dem Pferderücken zu verbringen. Für fünfzehn Mark ist man dabei. Daneben bietet sich auch noch die Möglichkeit, die Landschaft zu bewundern und kennenzulernen. Je nach Wunsch geht es in die verschiedensten Richtungen. Besonders reizvoll ist ein Ritt von Forstseeon über die Gass' am Egglburger See, entlang der Allee zum Gut Zieglhof und weiter auf stillen Waldpfaden bis zum Forsthaus Hubertus.

Eine andere, nicht minder reizvolle Tour führt nach Süden durch herrlichen Mischwald bis zur Ausflugsgaststätte Falkenberg bei Moosach. Am Ziel angekommen ist es dem munteren Reitervolk zur lieben Gewohnheit geworden, Einkehr zu halten zu einer deftigen Brotzeit und bei einer Halben Bier die letzte Galoppstrecke lautstark zu besprechen, die Vorzüge oder „Mucken" des vierbeinigen Untersatzes oder den Graben, den man beinahe übersehen und heruntergefallen wäre, wenn man nicht ein so toller Bursche und natürlich ausgezeichneter Reiter wäre.

Nach einer Stunde heißt es dann wieder aufzubrechen, um noch vor Dunkelheit den heimischen Stall zu erreichen. Schnell wird noch ein Zuckerstück mitgenommen als Belohnung für das brav wartende Pferd hinter dem Wirtsstadel. Die Decken werden zurückgerollt von den warmen Pferderücken — ein Schwung und man sitzt wieder oben. In langgezogener Kette geht es wieder zurück über zehn oder zwölf Kilometer bis nach Forstseeon zur „Rancho Alegre". Ein schöner Nachmittag ist zu Ende für die Pseudo-Cowboys, die am nächsten Tag wieder in der Fabrik stehen oder vor dem Schreibtisch sitzen. Man kommt bestimmt wieder, trotzdem man ein bißchen Muskelkater am nächsten Morgen hat.

Werner Hubert

84

Die Leonhardifahrt in Grafing bei München war Pflichtprogramm für mich. Wenn ich zurückdenke, war ich auch immer ein wenig stolz, der Sohn der bekannten Ranch zu sein.

Beim Faschingsumzug mitzuwirken war natürlich für uns Kinder etwas ganz Besonderes. Vor allem, wenn wir auf der Postkutsche mitfahren durften.

tz Donnerstag, 3. Juni 1971 — REGION MÜNCHEN 5

Startschuß für Hot Gun Town im „Westen" Münchens

Freizeit-Attraktion für Amateur-Cowboys in Grafrath

Von HARRY S. VOGT — tz Fürstenfeldbruck

Im Westen Münchens ist eine neue Stadt entstanden. Kaum jemand hat's gemerkt. Name: Hot Gun Town . . . „Heiße-Knarre-Stadt". Die Leute dort (bei Grafrath im Landkreis Fürstenfeldbruck) sehen zwar etwas merkwürdig aus, sind aber recht gastfreundlich. Das heißt, sie leben sogar davon. Hot Gun Town ist eine echte Western-Stadt und ist gedacht als Freizeit-Attraktion für Feierabend-Cowboys aller Altersstufen.

Am 12. Juni geht's los: Buchhalter, Kfz-Mechaniker und Kühlschrank-Vertreter können — so lässig wie sie können — durch die Schwingtür zum Saloon stiefeln und den Barkeeper anknurren: „'nen Whisky, aber plötzlich!"

Pferde gibt es, Postkutschen und eine Western-Eisenbahn auch. Alles echt. Der einzige Unterschied: Man muß nicht dauernd damit rechnen, eine blaue Bohne zwischen die Rippen zu kriegen.

400 000 Quadratmeter groß, mit 19 Häusern, ist der bayerische Wilde Westen. Boß ist der Amerikaner Antony Lötschert, der gleich nebenan schon seinen „Grafrather Märchenwald" liegen hat.

Zwei Jahre haben die Bauarbeiten gedauert. Ohne daß auch nur ein einziger Apache messerschwingend über die Arbeiter hergefallen ist, wurden 9612 Eisenbahnschwellen verlegt. Dafür besteht die Mainstreet (bayrisch: Hauptstraße), wie es sich gehört, aus festgetretenem Dreck.

Da darf dann jeder für ein paar Mark sein eigener Ben oder Hoss Cartwright sein — je nach Bauchumfang.

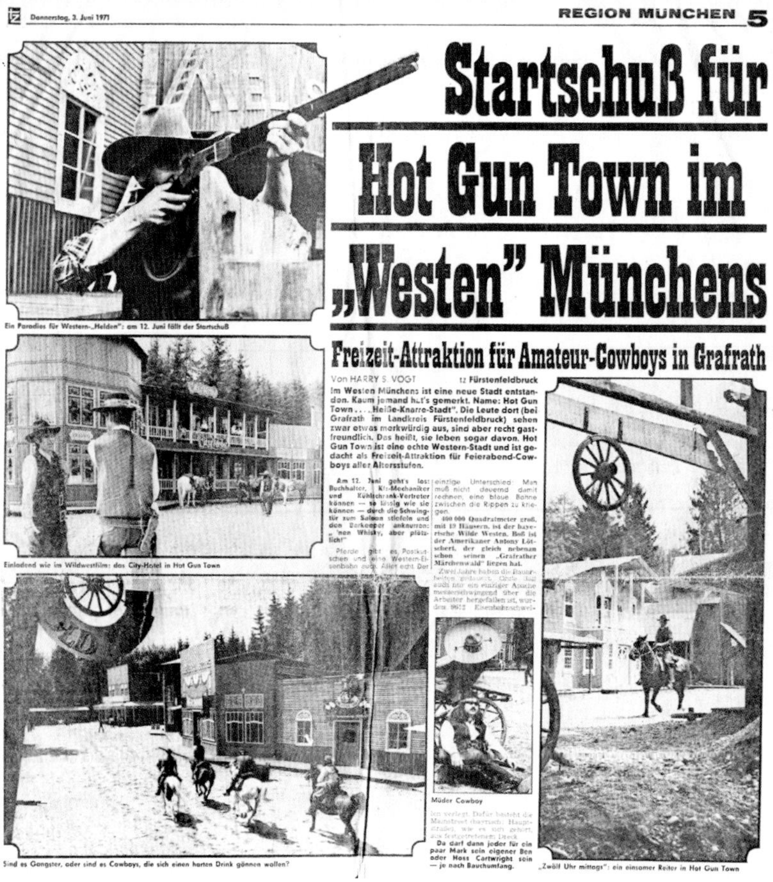

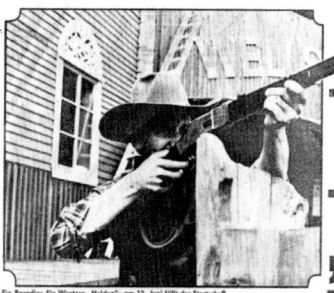

Ein Paradies für Western-„Helden": am 12. Juni fällt der Startschuß

Einladend wie im Wildwestfilm: das City-Hotel in Hot Gun Town

Sind es Gangster, oder sind es Cowboys, die sich einen harten Drink gönnen wollen?

Müder Cowboy

„Zwölf Uhr mittags": ein einsamer Reiter in Hot Gun Town

Die Westernstadt in Grafrath war ein großer Traum meines Vaters, viele Pferde von uns wurden dort zur Verfügung gestellt.

Der Westernferienanlage in Bad Tölz hatten wir Personal und Pferde zur Verfügung gestellt, der »Western-Boom« war seinerzeit enorm.

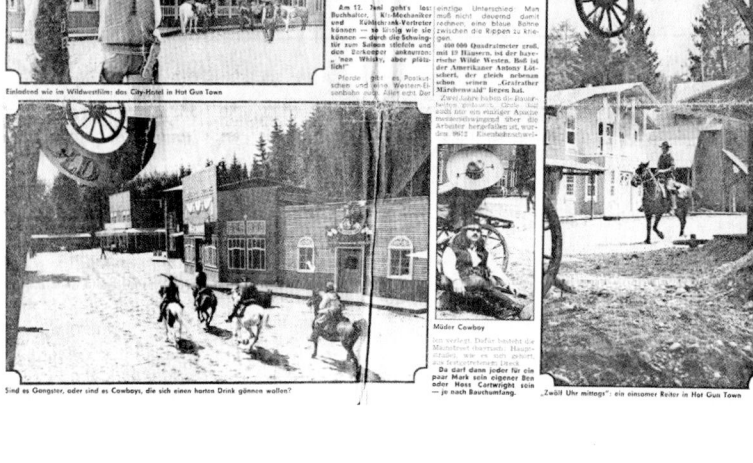

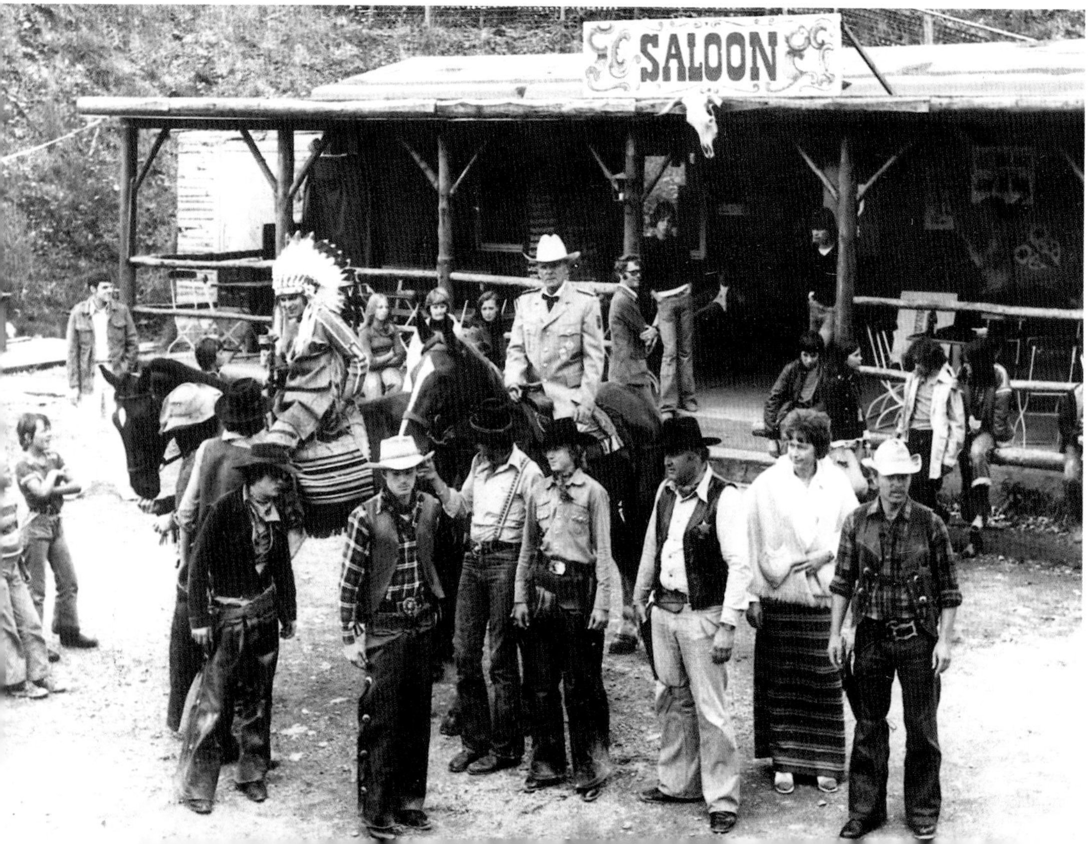

Lagerfeuerromantik mit dem Schauspieler Karl-Michael Vogler, der auf dem
Hof meiner Eltern das Reiten lernte.

Bei Filmaufnahmen saß mein Vater auf dem Bock der Postkutsche.

Reitstall muß schließen – den Pferden droht der Schlachthof

GEKÜNDIGT: Inhaberin Marga Geitner (Mitte, mit zwei Pferde-pflegern) muß den Reiterhof räumen. Foto: Schmalz

Die Inhaberin weiß nicht, wohin mit ihren 25 Tieren

Von Hajo Guhl

München — Kein Platz für einen Reiterhof, der besonders den Münchner Schulkindern ans Herz gewachsen ist. Die „Rancho Allegre" in Pötting, auf der sich im Rahmen des Ferienprogramms der Stadt München Nachwuchsreiter zwischen sieben und 14 Jahren tummeln konnten, muß Ende Mai ihre Pforten schließen.

Der Eigentümer des 13 Hektar großen Hofes vor den Toren von München hat den Pachtvertrag mit der Pferderanch-Inhaberin Marga Geitner nicht mehr verlängert. Künftig sollen hier Kälber gemästet werden.

Die „Rancho Allegre" ist ein beliebtes Ziel für über 300 Münchner Hobbyreiter, die dem „exklusiven" Sport trotz schmaler Geldbörse nachgehen wollen. Fast 60 Kilometer Reitwege im angrenzenden Ebersberger Forst bieten ein ideales Freizeitrevier für die großen und kleinen Pferdefreunde.

Seit einem Jahr sucht Marga Geitner verzweifelt einen neuen Hof für ihre 25 Pferde, denen nun ein schreckliches Schicksal droht. „Wenn ich keinen neuen Platz für meine Ranch finde, werde ich einige Pferde wohl zum Schlachthof bringen müssen", bedauert die Ranchbesitzerin.

Doch Marga Geitner hat die Hoffnung noch nicht aufgegeben, neue Ställe und einen kleinen Hof zu finden, wo sie ihr kleines Paradies für Hobbyreiter wieder aufbauen könnte. Die Ranchbesitzerin: „Wenn ich einen Hof finde, der möglicherweise noch am Ebersberger Forst liegt, mach ich sofort weiter."

Schnelle Autos – schon damals eine große Leidenschaft von meiner Frau Sabine und mir.

Weil uns der Verpächter überraschend gekündigt hatte, stand unser Betrieb vor dem Aus. Wir konnten alle 25 Pferde gut unterbringen. Meine Mutter baute danach keinen eigenen Hof mehr auf.

Mein kläglicher Versuch, die Haflinger-Stute Mira einzufahren. Hier lachten wir noch, doch zwei Minuten später steckten wir im Schnee – und zwar mit dem Kopf voraus.

Im Mai 1995 war ich mit Mira auf dem NRHA (National Reining Horse Association) Turnier in Schlüsselfeld. Ich hatte erst ein Jahr vorher wieder zu reiten begonnen und Mira dann selbst ausgebildet.

Bounci ist heute im Besitz der Familie Laufer. Er war das erste POA, das offiziell deutschen Boden betreten hatte.

Der heute noch etwas scheue Shorty ist von Anfang an bei uns.

Santee Champ lebt mittlerweile auch bei Familie Laufer. Er war eines meiner wichtigsten Pferde.

Dass das Pferd mir folgt und zwar ohne Strick, war früher genauso wichtig wie heute. Allerdings lasse ich mir dieses Verhalten heute »schenken«.

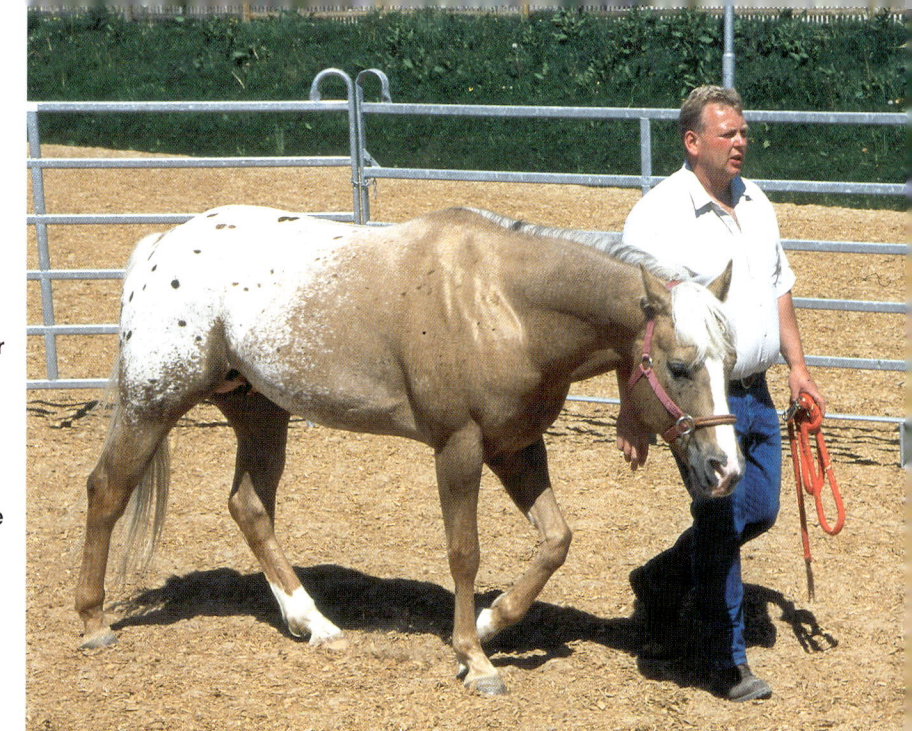

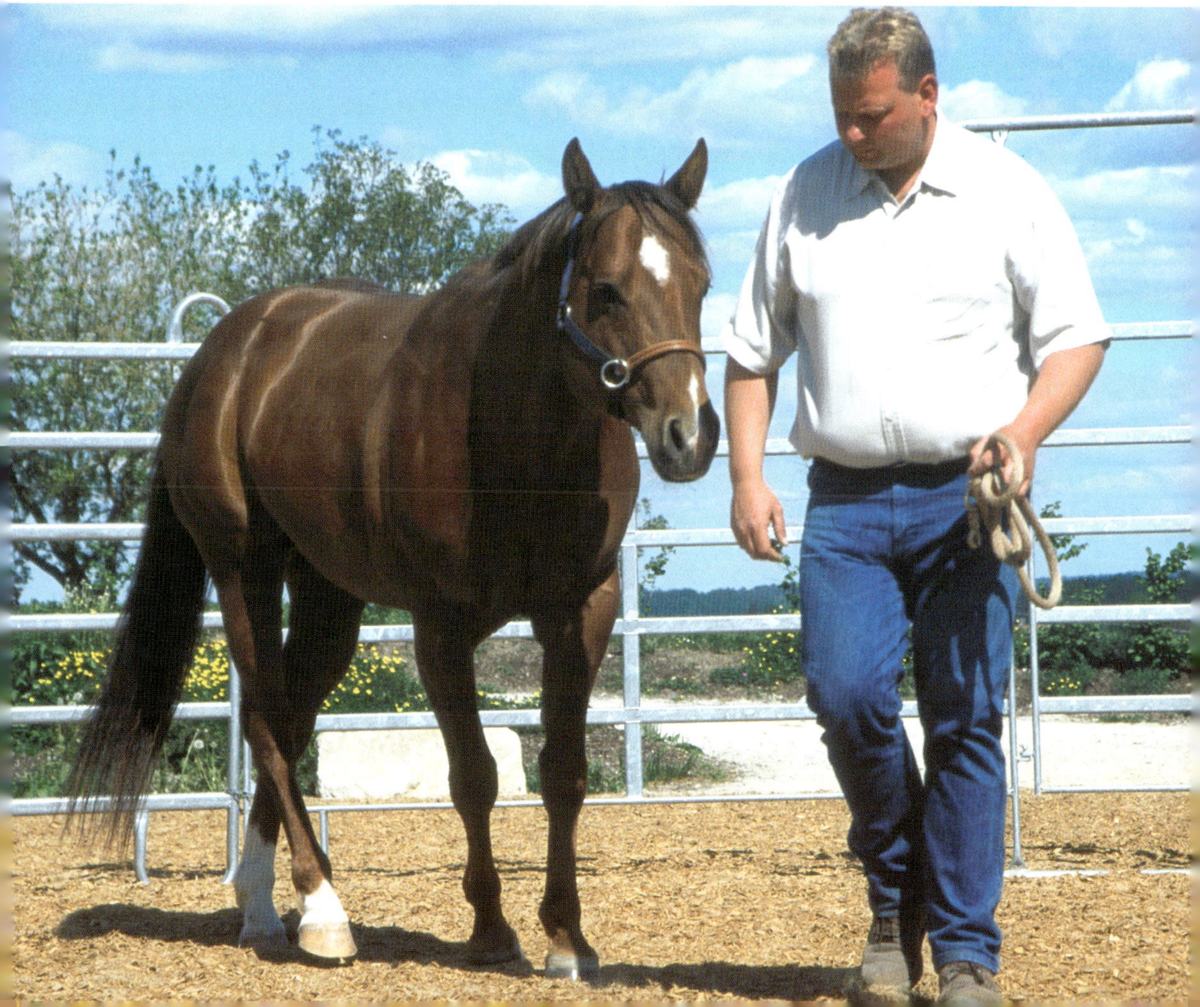

»Be Strict« war mein Durchbruch. Das Buch »Be Strict – Denken wie ein Pferd« und die Philosophie dahinter sind nach wie vor eine wichtige Grundlage meiner Arbeit.

Zesel lebt heute noch bei mir. Die Geschichten um sie haben mich bei Reitern aller Reitweisen bekannt gemacht. Auf jedem Lehrgang spricht mich wenigstens einer noch immer auf sie an.

Zesel bei der Stangenarbeit. Es ist schon enorm, was ich mit ihr erreicht habe. Sie lässt sich heute wunderbar putzen, aber die Beine darf ich ihr immer noch nicht aufheben.

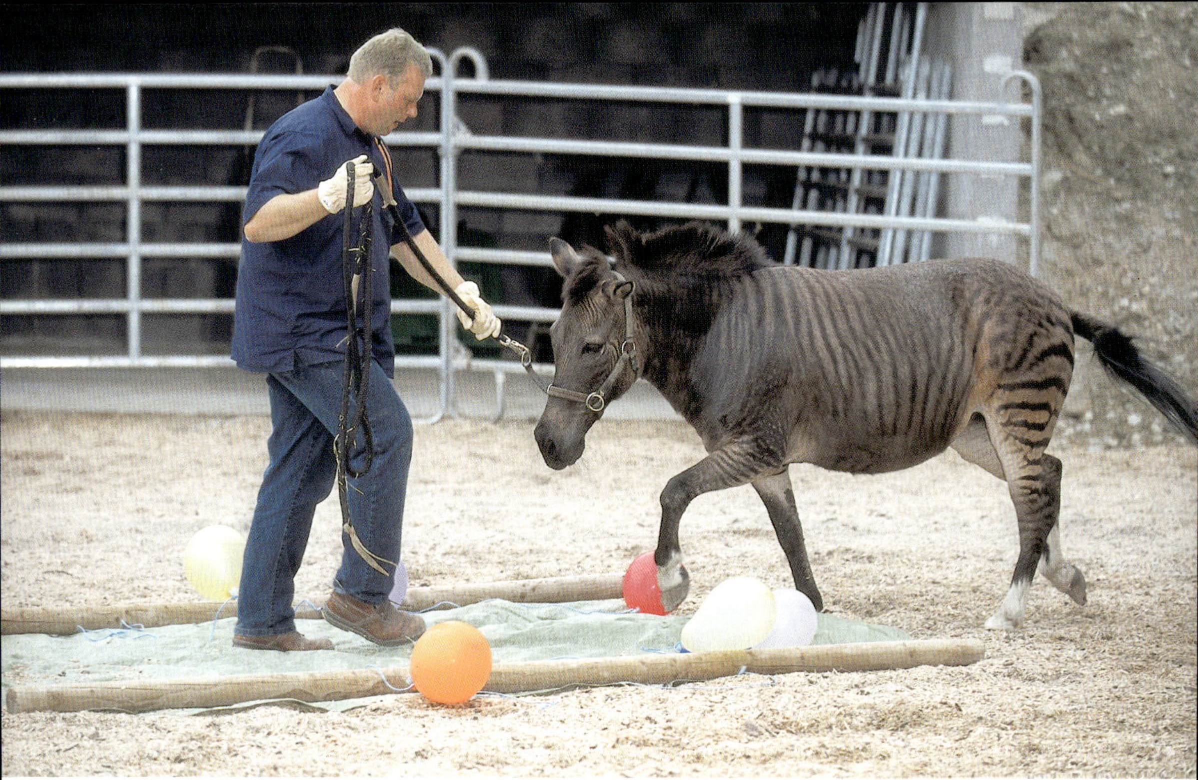

Zesel bei der Gelassenheits-prüfung (GHP). Sie bestand mit der Note 1. Eine tolle Leistung!

Fahnenarbeit ist die Basis bei der Dual-Aktivierung. Mit ihr hat alles begonnen.

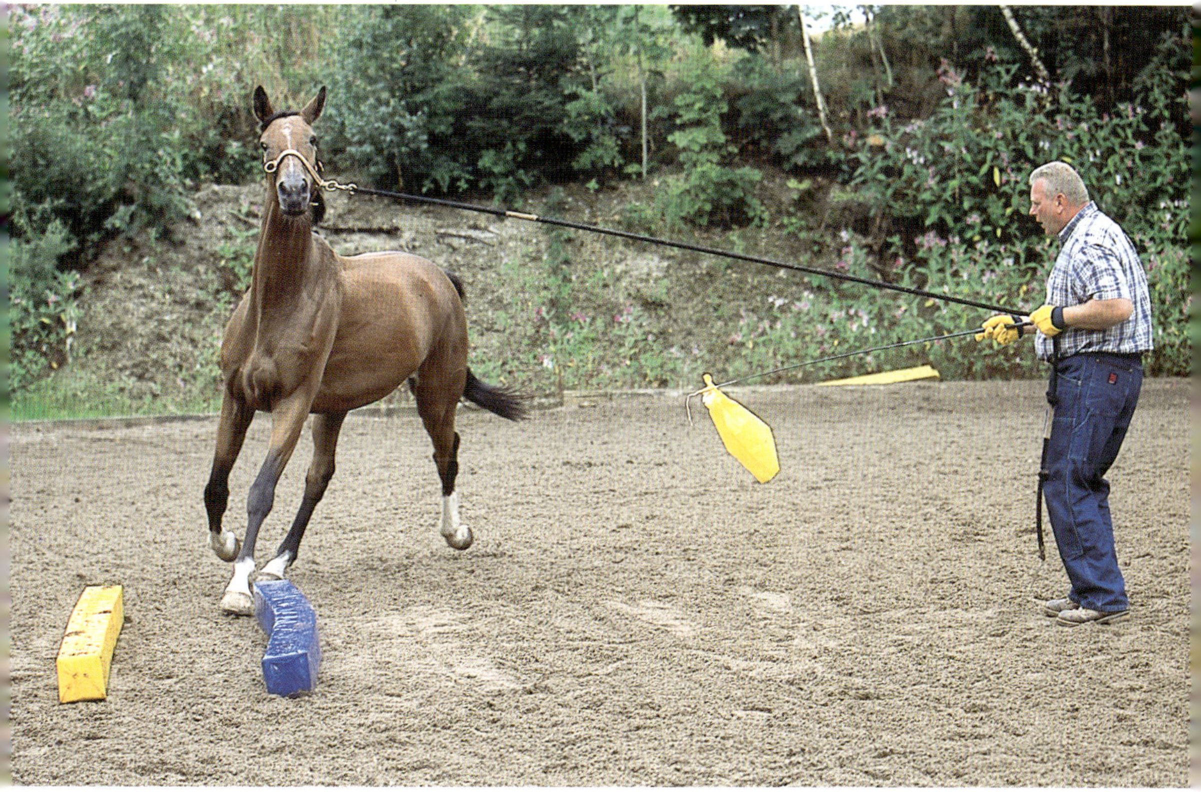

Durch die Basis-Gasse: Aller Anfang ist für ein nicht ausbalanciertes Pferd schwer.

Die Quadratvolte ist eine der ganz wichtigen Basisfiguren in der Dual-Aktivierung.

Die Pylonengasse verstärkt den Blau-Gelb-Effekt noch. Die meisten Pferde reagieren sehr aufmerksam auf diese Gasse.

Die Dual-Aktivierung hat sich auch beim Reiten durchgesetzt. Viele Reiter – bis hin zum Spitzensportler – setzen die Übungen in ihrem Training erfolgreich ein.

Lehrgänge mache ich einfach gerne. Ich lerne dabei immer neue Menschen und Pferde kennen.

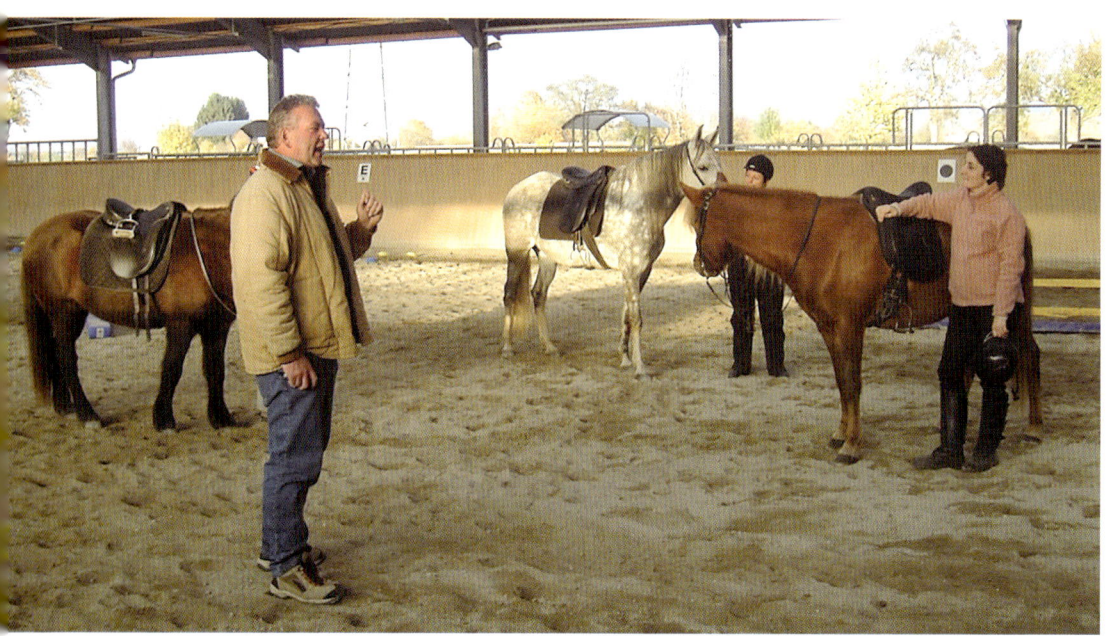

Am Ende des Kurses wird meist noch einmal alles zusammengefasst.

Erklären ist wichtig! Während der Kurse wird reichlich erklärt und es bleibt Zeit, alle Fragen ausführlich zu beantworten.

»Bitte recht freundlich!« Das obligatorische Schlussfoto ...

Prairie Almondo läuft hier um den Sieg in München. Boa wird in diesem Rennen Dritte, obwohl sie der Start viel Zeit gekostet hatte.

Als Jockey hätte ich keine Chance, ich bin einfach zu groß ...

Nach Boas Sieg in München Riem war
die Freude riesengroß. Natürlich waren
wir alle sehr stolz.

Jockey J.-P. Carvalho bei der
Siegerehrung nach dem Sieg mit
Mondi in München Riem.

Mondi mit Christian Herrmann, der ihn immer am Renntag führt.

Solino – er war einmal unsere ganz große Hoffnung. Das Pferd kann wahnsinnig schnell galoppieren.

Im Sommer folgt nach der Arbeit immer die wohlverdiente Dusche.

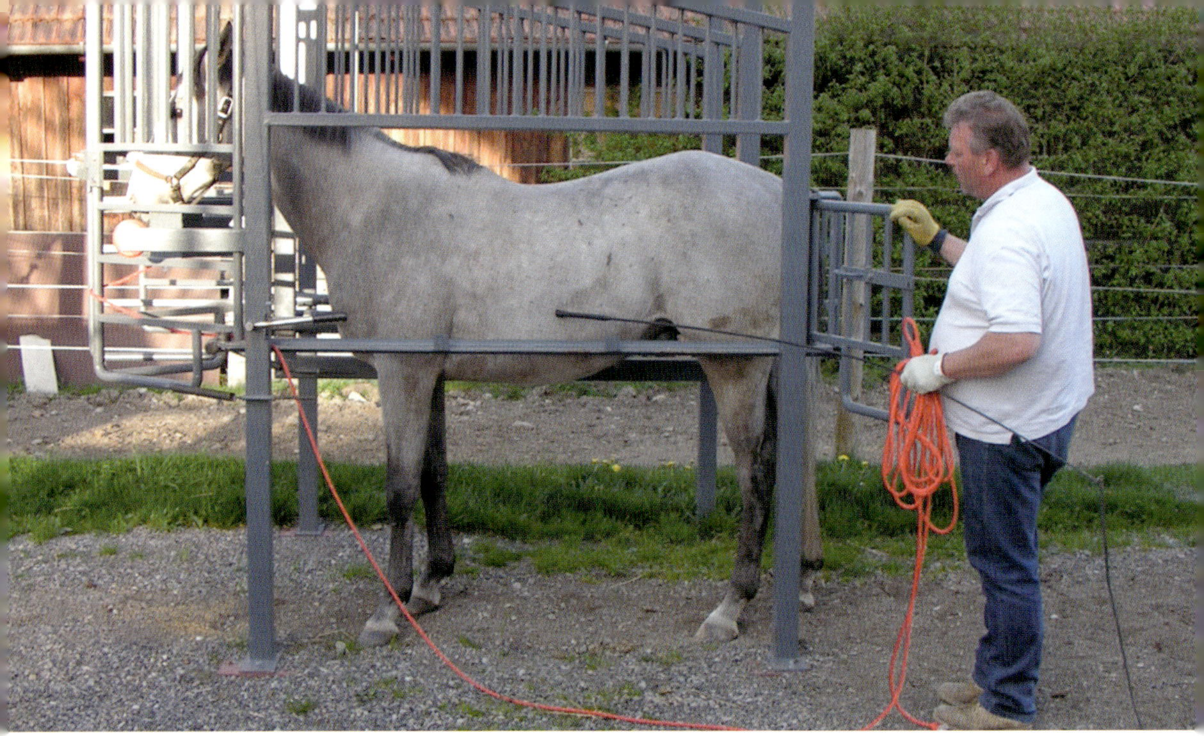

Ich habe extra eine Startmaschine für das Training mit Solino bauen lassen, um mit ihm regelmäßig üben zu können. Ich hatte fest daran geglaubt, dass wir es schaffen.

Prairie Almondo wird hier gerade für das Training fertig gemacht. Dual-Aktivierung ist für unsere Rennpferde zwei Mal in der Woche Pflicht.

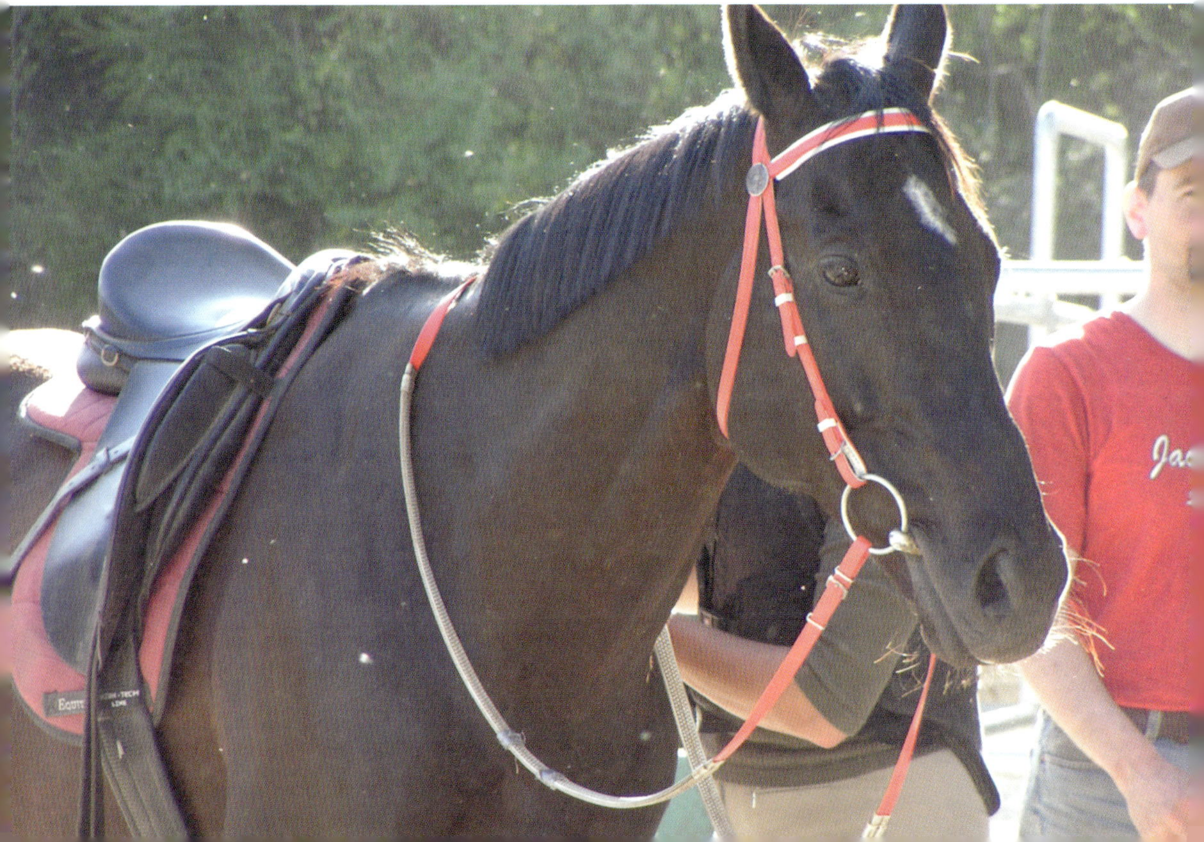

Miss Anabell Lee bei der Galopparbeit auf unserer Trainingsbahn.
Sie ist derzeit mein bestes Pferd im Stall.

Prairie Almondo – an diesem Pferd wird mein Herz immer hängen.

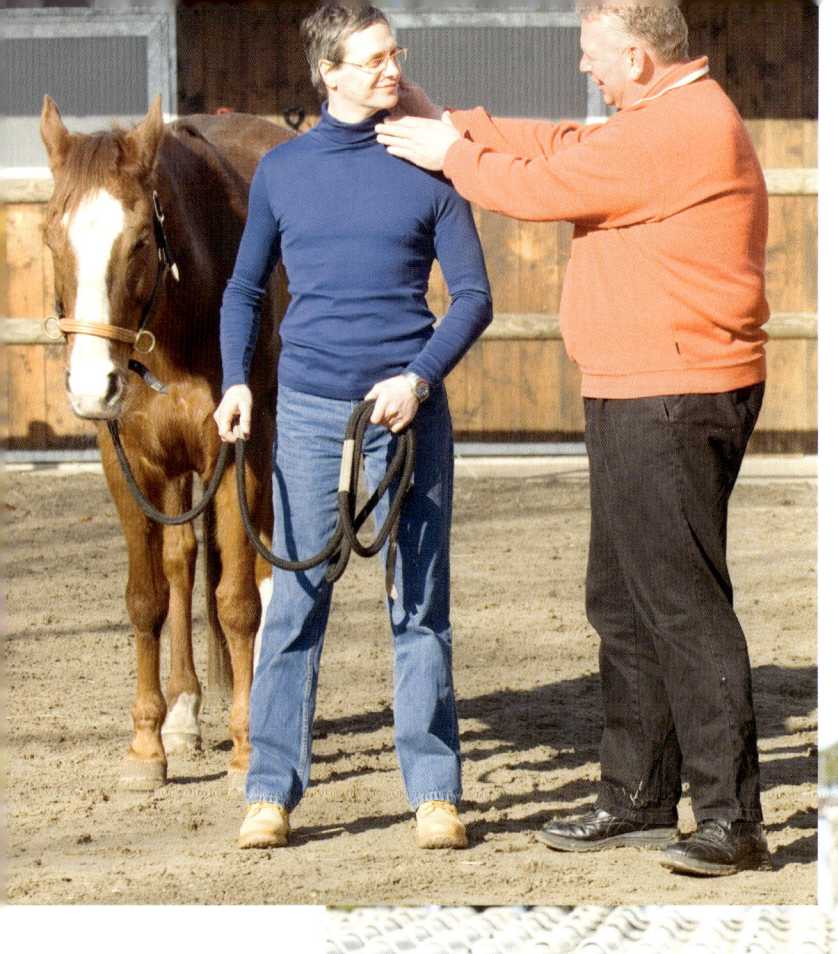

Seine Position zu halten ist ein ganz wichtiger Bestandteil im Zusammensein mit den Pferden.

Auch Boa wird in der Dual-Aktivierung geritten und braucht wie ihre Reiterin auch einmal Anleitung.

Der rote Punkt zeigt, wer die Position hält. Solch ein optisches Element kann sehr hilfreich sein.

Der Blick auf unsere Anlage, die wir 2001 bezogen haben, vom Reitplatz aus. Hier geben wir regelmäßig Lehrgänge.

Dieser große Holztisch ist auf unserem Hof im Sommer die »Kommandozentrale«. Er steht in einem gemütlichen »Eck« und lädt zum Zusammensitzen und Diskutieren ein.

Kapitel 4
Pferde-
philosophie

1. Zwischen Verwunderung und Kommunikation

Bis zu dem Tag, als Almondo zu uns kam, hatte sich bei uns nicht sehr viel getan. Wir arbeiteten an der Dual-Aktivierung und nutzten unsere Erfahrungen mit »Be strict« – man muss das Pferd dominieren, man muss der Ranghöhere sein usw. Die Positionsarbeit war noch bei weitem nicht ausgereift.

Wir versuchten, Almondo zu erziehen und arbeiteten viel mit »Be strict«. Allerdings war zu diesem Zeitpunkt schon klar, dass durch das Training mit der Dual-Aktivierung kaum größere Erziehungsmaßnahmen nötig wurden. Sobald die Pferde in ihrem Gleichgewicht waren, waren sie automatisch ruhiger. Sie konnten sich besser orientieren, weil sie ihre Umwelt mit beiden Augen gleichmäßiger wahrnahmen. Dadurch relativierte sich vieles, z. B. war das Stehen am Putzplatz meist kein Problem mehr.

Warum sollten Pferde am Putzplatz rumhampeln? Es ist für sie ein völlig unnötiger Energieverbrauch. Das machen sie nur, wenn sie nicht koordiniert sind. Sobald sie koordiniert sind und mit beiden Augen Dinge aufnehmen, dann haben sie dieses Verhalten gar nicht mehr nötig. Dann beobachten sie ihre Umwelt und warten erst einmal gelassen ab, was überhaupt ansteht.

Nach dieser Geschichte in Mannheim war ich total verzweifelt. Wir machten anfangs die Lautsprecheransagen für Almondos verrücktes Verhalten verantwortlich. Wir hatten sonst keine andere Erklärung dafür. Ich ließ Fernsehübertragungen von Rennen laufen und übertrug sie über meine Lautsprecheranlage auf den Reitplatz. Es war ein Höllenlärm. Die nächsten Nachbarn dachten wahrscheinlich, dass das Oktoberfest bereits in vollem Gange war. Aber das alles interessierte Almondo gar nicht. Er schlenderte gelassen mit dem Kopf nach unten über den Platz. Wir kamen zu dem Entschluss, dass er ganz genau unterscheiden kann, wann »Kampf« angesagt ist und wann eine »Reserveübung« stattfindet.

Dann waren wir davon überzeugt, dass sein Verhalten an der gesamten Rennbahnatmosphäre lag. Da wir das »Rennbahnleben« schlecht auf unse-

rem Hof simulieren konnten, fuhren wir zum Training auf die verlassene Rennbahn in Mühldorf. Almondo stieg aus dem Hänger, bewunderte das frische Grün, sonst interessierte er sich für gar nichts. Ihm konnte und kann man auch heute nichts vormachen!

Ein paar Tage nach dem Rennen rief mich Thomas Kranz von Natural Horse Care an, ein Tinkerzüchter und Händler, der nun im Bereich Futtermittel tätig ist. Er erzählte mir aufgeregt: »Du, Mike, ich habe heute etwas erlebt, ich habe eine Frau kennen gelernt!« »Schön für Dich!«, erwiderte ich eher wenig interessiert, aber er fuhr unbeirrt fort: »Sie kommuniziert mit Pferden über Telepathie und kann Dir vielleicht mit Prairie Almondo helfen!«
Ich blaffte ihn an: »Das Letzte, was ich jetzt hier noch auf dem Hof brauche, ist jemand, der mir erzählt, dass Mondi eine schlechte Kindheit hatte … Lass mich bloß mit so einem Quatsch in Ruhe.« »Dann seit Ihr ja doch noch nicht verzweifelt genug«, meinte er nur und legte dann auf.

Am Abend saß ich kerzengerade in meinem Bett und sagte zu mir: »Doch! Du bist verzweifelt genug! Du weißt nicht mehr vor und nicht mehr zurück.« Also ließ ich mir die Telefonnummer von dieser Frau geben und rief sie an. Sie hieß Daniela Scheuenstuhl, genannt »Daya«.

Am Telefon meldete sich eine ganz sympathisch klingende Wienerin. Ich erklärte ihr kurz, um was es ging. Wir vereinbarten gleich ein Treffen. Mittwoch um 19 Uhr sollte sie auf den Hof kommen.

Um 18 Uhr rotierte mein Galopper in seiner Box. Er marschierte herum wie ein Wahnsinniger. Hin, her, hin, her – schwitzte, was das Zeug hielt. Ich holte ihn raus, weil ich dachte, er hätte eine Kolik. Aber es war keine Kolik, er war einfach nur total unruhig. Ich brachte ihn wieder zurück in seine Box und um Punkt sieben kam die besagte Dame mit Namen »Daya« auf den Hof gefahren. Sie begrüßte mich kurz und sagt zu mir: »Bringen Sie mich bitte sofort zu dem Pferd, ich kann seit einer Stunde schon an nichts anderes mehr denken. Ich bin total unruhig.« Da sagte ich ihr, dass es Almondo genauso ging!

Sie holte das Pferd aus der Box und arbeitete ein wenig an ihm. Ich stand daneben mit einem Zigarillo im Mundwinkel und dachte nur: »Geitner, wenn das jetzt jemand sieht, dann bist du erledigt! Jeder Mensch auf dieser Welt wird sagen, jetzt spinnt er komplett.«

Irgendwie spürte Daya wohl, dass ich mit dieser ganzen Sache nicht viel anfangen konnte. Sie bat mich, eine Hand auf Almondos Brust zu legen und den anderen Arm einfach runterhängen zu lassen. Sie legte ihre Hand dem Pferd auf die Kruppe – auf einmal durchfuhr mich ein Stromschlag. Er schoss durch meine Waden. Ich dachte, ich spinne!

Ab diesem Moment, war alles anders. Mit aufgerissenen Augen stand ich da. »Ist sie eine Hexe?«, fragte ich mich. Dann versuchte ich, an nichts mehr zu denken. Wenn sie die Gedanken der Pferde lesen kann, klappt das vielleicht ja auch bei Menschen … Ich bemühte mich ganz bewusst (wenn überhaupt), nur an nette und freundliche Dinge zu denken.
Daya fuhr mit ihrer Behandlung oder Bearbeitung – wie immer man es nennen mag – fort. Es war völlig unspektakulär, was sie machte. Gar nicht esoterisch. Sie strich einfach nur mit den Händen über Almondos Körper. Massierte da wieder ein bisschen …
Ganz wohl fühlte ich mich in der Situation nach wie vor nicht. Daya sprach nicht viel. Nach der Behandlung brachten wir Almondo zurück in seine Box und unterhielten uns bei einem Cappuccino. Sie erklärte mir, dass das Pferd kein Trauma vom Führring hat. Sie nannte es »Drama«, was sich bei dem Pferd abspielte. Almondo steigert sich so unheimlich rein in die ganze Geschichte, dass er plötzlich in eine Art »Starre« verfällt. Aus der »Starre« springt er dann raus. Aus diesem »Drama« kommt er nicht raus, außer er springt. Wohin auch immer. Wenn ihm ein Mensch im Weg steht, wird es gefährlich.
Sie riet mir, mit dem Pferd beim nächsten Rennen ganz ruhig umzugehen und nicht mit ihm zu schimpfen. Wir sollten sein Verhalten akzeptieren. Das war seine Art, sich »warm zu machen«. Das nächste Rennen war in Hassloch. Ich hatte nichts mehr zu verlieren und befolgte ihren Rat.

Am Renntag holte ich den »Feuer speienden Drachen« aus seiner Box und erlaubte ihm, sich auf »seine« Art warm zu machen. Es war wie ein Wunder, ich brachte das Pferd mit einigermaßen normalem Aufwand in den Führring. In dem Rennen, was wirklich schwer war, wurde er sensationeller Zweiter – nur knapp geschlagen, in einer fantastischen Rennzeit. Es war unglaublich. Ich muss zugeben, ich war schon ein wenig irritiert. Ich begann intensiv darüber nachzudenken, an was es gelegen haben könnte. Hatte Daya vielleicht einen Hinweis bekommen? Oder hatte sie sich das ausgedacht? Überzeugt war ich noch nicht. Für mach war es letztlich Glück oder Zufall.

Danach hatten wir kaum noch Kontakt. Wir telefonierten ab und zu mal, da ihr Almondo sehr am Herzen lag. Zwischenzeitlich hatte ich ein paar Leute eingeweiht: Raimund Nitsche, Andrea Angel oder Martin Riedel aus Österreich. Ich erzählte ihnen von Daya und ihrer »Behandlung« von Mondi.
Aus Neugier nahmen auch sie Kontakt zu Daya auf. Ich werde nie die hysterische Stimme von Raimund auf meinem Anrufbeantworter vergessen: »Geitner – Bombenalarm, Bombenalarm, die Frau ist eine Bombe!« Ich zwang mich cool zu bleiben. Ich wusste, dass sich Raimund weit mehr als ich mit Dingen beschäftigte, die nicht so dem »Standard« entsprachen. Er war da schon ein ganzes Stück weiter als ich.

Das Unglaubliche kam aber erst, als wir mit Almondo nach Baden-Baden fuhren. Auf halber Strecke bimmelt mein Handy. Daya war dran. Sie bat mich aufgeregt, sofort anzuhalten. Sie war sich sicher, dass mit Almondo etwas nicht stimmte. Er hätte ihr signalisiert, dass er kurz vor dem Austrocknen stand, total dehydriert.
Wir waren natürlich in heller Aufregung. Wir hatten ihm zu Hause noch Wasser angeboten. Auch im Hänger gab es Wasser. Ich hielt sofort an und stellte fest, dass sein Wassereimer staubtrocken war. Im Rennen war er dann grotten schlecht.
Mit einem unguten Gefühl fuhren wir zurück nach Hause. Mein »Bauchgehirn« signalisierte mir, dass irgendetwas nicht stimmte. Zu allem Überfluss musste ich am nächsten Tag in die Schweiz zu einem Lehrgang. Vorher ließ

ich aber noch den Tierarzt kommen. Das EKG ergab, dass das Pferd eine Herzmuskelentzündung hatte. Die Tierärztin sagte – ohne zu wissen, dass wir den besagten Anruf von Daya erhalten hatten, Almondo wäre dehydriert. Durch den Wassermangel hatte sich das Blut verdickt, was dann zu dieser Herzmuskelentzündung führte. Er hatte wohl über längere Zeit kein Wasser aufgenommen.

Ich war verblüfft. Wahnsinn! Wenn so eine Kommunikation stattfinden kann … Was ist dann noch alles in der Verständigung zwischen Mensch und Tier möglich? Ich wollte von Daya wissen, wie sie das macht und ließ mir ihr Tun beschreiben. Sie erklärte mir, dass sie nicht in unserer Sprache mit den Tieren kommuniziert. Sie erhält lediglich Bilder. Ich fing damit wieder nichts an. Ich konnte es mir absolut nicht vorstellen, wie so etwas funktionieren sollte. Aber das alles machte mich doch sehr nachdenklich.
Ich wehrte mich innerlich dagegen, an solch eine Form der Kommunikation zu glauben, aber ich konnte die beiden Ergebnisse ja nicht »wegzaubern«. Daya hatte zweimal recht! Das musste ich erst einmal verarbeiten.

Ich dachte dann viel über dieses »Bilderdenken« nach. Wenn die Pferde meine Bilder empfangen können und dann auch im Kopf haben, dann muss man das in irgendeiner Form auch im Training der Pferde und in den Kursen einsetzen können.

In dieser Zeit bot ich die ersten Intensivkurse zur Dual-Aktivierung bei mir auf der Anlage an. Ein Kursteilnehmer beeindruckte mich sehr, Dr. Meyding. Er war Zahnarzt und beschäftigte sich mit Quantenphysik. Er war gleichzeitig auch ein Schüler von Philippe Karl. Dr. Meyding sagte folgenden Satz, an den ich mich bis heute gut erinnere: »Also Mike, Du musst Dir folgendes vorstellen. Wenn Du gegen eine Wand mit 15 Kilo trittst, dann tritt diese Wand mit 15 Kilo zurück.«
Alles ist Energie, alles ist in Bewegung, man sieht es bloß nicht. Auch die Wand ist in Bewegung, alles hat eine Schwingung. Die Schwingung ist etwas, was wir aufnehmen, auch wenn man sie nicht bewusst einsetzt. Wenn

Du auf ein Pferd zugehst, dann hast Du eine bestimmte Schwingung. Das Pferd nimmt sie auf und merkt: »Ah, der Geitner, der weiß, was er will!«

In der Dual-Aktivierung hatte ich beim Longieren immer wieder das Gefühl, dass häufig das Pferd den Menschen longiert und nicht der Mensch das Pferd. Wir bewegen uns viel zu viel! Wir bleiben nicht in Position. Ich arbeitete mit meinen Schülern daran, diese Position immer mehr zu halten.

Eine Kursteilnehmerin erzählte mir, dass sie früher beim Longieren einen Bierdeckel unter die Stiefel gelegt bekam. Der musste noch da sein, wenn sie mit dem Longieren fertig war. Sie war total begeistert, dass ich beim Longieren Position forderte.

Durch diese Positionsarbeit spürte ich mehr denn je, mit welcher Energie Pferde überhaupt arbeiten. Wenn z. B. ein Pferd innen an den Gassen vorbeidrückt, weil man vielleicht unkonzentriert war, und man trotzdem in seiner Position bleibt, dann kann man spüren, wie eine leichte Druckwelle auf die Brust zukommt.

Genau mit dieser Energie lassen sich auch die Pferde bewegen. Schauen Sie einmal bewusst auf die Hinterhand Ihres Pferdes und sagen Sie: »Geh rum.« 90 Prozent der Pferde bewegen schon beim ersten Versuch die Hinterhand. Ganz wichtig ist dabei eine klare Zielsetzung. Es wird nicht geschoben oder gepiekt, gar nichts.

Wir kennen natürlich auch aus dem Alltag negative Bilder. Das Pferd soll zur Seite treten, dazu wird ihm mit dem Hufkratzer in die Seite gebohrt oder die Gerte eingesetzt. Das Pferd wehrt sich natürlich, weil Druck sofort Gegendruck bei ihm erzeugt. Dann wird rumgebastelt und rumgemacht, nichts passiert. Im Endeffekt kommt nicht viel dabei raus, weil man viel mehr damit beschäftigt ist, die eigene Position zu verschieben, als sie zu erhalten. Man kann auf diese Weise dem Pferd nicht klarmachen, was man von ihm möchte.

Position, Energie, Bilder – das waren Elemente, mit denen ich Anfang 2006 mein Kurskonzept erweiterte.

2. American Embassy

Ein weiteres Erlebnis mit Daya hatte ich mit dem von mir gepachteten Pferd American Embassy.

Kurz ein paar Worte zu unserem Training: Wir trainieren unsere Pferde auf unserer kleinen Bahn. Auf ihr lassen wir sie relativ langsam galoppieren, aber dafür viele Runden. Das ist gut für die Arbeit im Ausdauerbereich. Zwischen den Rennen fahren wir nach München auf die wesentlich längere Grasbahn, um mit ihnen Schnelligkeit zu trainieren.

Wir fuhren an einem Nachmittag mit Almondo und Embassy nach München auf die Grasbahn. Irgendwie hatte ich schon am Morgen das Gefühl, dass es zwischen den Beiden *knisterte*.
Nachdem beide Pferde ruhig im Hänger standen, machte ich mich auf den rund 60 minütigen Weg. Dort angekommen, waren die Pferde mit Kathis und Nadjas Hilfe schnell fertiggemacht und es konnte losgehen.
Um das Training beobachten zu können, stelle ich mich immer auf einen kleinen weißen Turm, von dem aus man einen ganz guten Überblick über das Geläuf hat. Es war ein sonniger Tag und die Sicht war gut. Wir hatten auch schon Tage, an denen dicke Nebelschleier über der Bahn hingen und man die Pferde nicht sehen konnte. Man hörte dann nur das Donnern der Hufe. Aber dieser Tag war klar und hell.

Mit meiner Stechuhr bewaffnet blinzelte ich also in die Sonne und harrte der Dinge, die auf mich zukommen sollten. Schemenhaft konnte ich im Gegenbogen erkennen, dass die beiden gestartet waren. Bereits nach wenigen Metern sah ich, wie Embassy sichtlich Schwierigkeiten mit dem Boden hatte und sich schnaufend von seiner Reiterin anschieben ließ. Sie ritt ihn so gut sie konnte vorwärts, duckte sich ganz flach an seinen Hals, also fast schon wie in einer Rennsituation.
Almondo hingegen schwebte locker und lässig neben Embassy her, als würde er von einem Laufband vorangezogen. Embassys Sprünge wurden

schwerer und schwerer. Es machte den Eindruck, als würden Gewichte an seinen Beinen hängen. Da passierte es: Mondi sah sich noch einmal kurz nach Embassy um und zog davon wie ein ICE auf der Schnellfahrstrecke. Er war weg wie der Blitz.

Auf der Rückfahrt war es im Hänger totenstill. Zu Hause angekommen war ich sehr verstimmt. Embassy war sichtlich demoralisiert. Ich ging zu Almondos Box und schimpfte laut mit ihm: »Das war sehr unfair, so etwas macht man mit Stallkollegen nicht! Schäm Dich!«

Embassy fraß zwei, drei Tage lang wenig und schien total traurig. Das ist nun einmal so bei Hengsten und Wallachen, die kann man relativ schnell mit solchen Geschichten »kaputt machen«, so dass sie einfach ihren Kampfgeist verlieren. Das ist bei Stuten anders, die kämpfen meistens immer weiter ...

Ein paar Tage später war Daya wieder mal bei uns auf dem Hof. Für die Schmerzanalyse wurde sie für uns zu einem wahnsinnigen Gewinn. In diesem Bereich fragten wir sie häufig um Rat und sparten tatsächlich Kosten. Von ihr erfuhren wir immer auf den Punkt genau, wo der Tierarzt ansetzen musste.
Ich sagte aus Spaß zu ihr: »Geh mal zu dem Schwarzen und sag ihm, dass ich das richtig unfair fand, was er da mit Embassy gemacht hat.« Ich gab ihr keine weiteren Informationen. Schnell war sie zurück, lächelte und erklärte: »Da kann sich seine Reiterin noch so flach machen ..., wenn Embassy seine Beine nicht hebt, wird er nie schneller werden.«

Ich überlegte, woher Daya wissen konnte, wie das Pferd geritten wurde. Ich selbst hatte das ja nur aus der Entfernung gesehen. Ich rief die Reiterin an und fragte sie: »Nadja, was war neulich das Problem bei dem Ritt?« Sie antwortete: »Embassy hebt seine Beine nicht!« Das war der Punkt, an dem ich mich fragte, was Pferde eigentlich alles wahrnehmen.
Ich bin mir sicher, dass Mondi so etwas wie ein »Einstein unter den Pferden« ist. Es gibt Menschen mit normaler Intelligenz, es gibt Menschen, die haben

studiert und die Relativitätstheorie ausgearbeitet ... Wenn es das bei Pferden gäbe, wäre Mondi sicher der, der auf die Relativitätstheorie gekommen wäre. Wie weit ist es wirklich mit der Intelligenz der Tiere? Was nehmen sie wahr?

3. Annie ist krank

Eine ähnliche Geschichte wiederholte sich dann noch einmal mit Almondo und Miss Anabell Lee. Es geschah wieder in einer Schnellarbeit mit dem Schwarzen. Danach beschlossen wir, Almondo nur noch mit *seiner* Boa in die Schnellarbeit zu schicken. Sie würde so eine Aktion von Mondi wegstecken.

Es machte Almondo einen Heidenspaß, andere zu überholen. Da wuchs er immer noch ein Stück über sich hinaus. »Das ist ein Perverser«, stellte der Münchner Trainer Michael Figge lakonisch fest. Almondo läuft oft im Training drei Klassen höher, mit 10 kg mehr Gewicht.

In dem Training hatte sich Annie also völlig verausgabt und sich den Magen im wahrsten Sinne des Wortes überdehnt.

Einen Tag später fraß sie nicht mehr. Mein Entschluss, Daya für die »Vordiagnose« zu rufen, erwies sich wieder als goldrichtig. Natürlich war zu 99 % klar, dass es der Magen war, aber Daya findet eben auch noch andere wichtige Dinge heraus ... Bei Annie war zum Beispiel die Leber sehr heiß. Der Tierarzt bestätigte später Dayas Hinweis.

Annie war vorher schon einmal krank. Das war eine Zeit, in der sich die Therapeuten bei uns die Klinke in die Hand gaben. Beim ersten Therapeuten hieß es: »Es ist die Hüfte.« Daya stellte aber fest, dass das Hauptproblem bei Annie im Widerrist lag.

Ich wechselte den Therapeuten. Der nächste, der kam, sah das Problem wieder in der Hüfte.

Dann konsultierte ich Robert Reichelmeier, einen der führenden Osteopathen

in Bayern. Der ging auf das Pferd zu, schaute kurz drüber und sagte: »Um Gottes Willen, der Widerrist!«

Wir hatten zwei, drei Monate wichtige Zeit verloren. Hätten wir nur gleich auf Daya gehört. Inzwischen lassen wir – neben unserem Tierarzt – nur noch zwei Menschen bei gesundheitlichen Problemen an unsere Pferde: Robert Reichelmeier und Daya.

Daya hatte es am Anfang schwer mit mir. Alle, die mich kennen, wissen, dass ich das komplette Gegenteil eines Räucherkerzen-anzündenden-Esotherikers mit entrücktem Blick bin. Ich brauche Fakten.

Daya sagte mir später dann, dass sie Almondo bei ihrem ersten Besuch sehr darum gebeten hatte, »mitzumachen«. Sie sah unser Zusammentreffen als Chance für ihr künftiges Leben. Sie wollte mich von ihrer Abeit überzeugen. Und das tat sie.

Daya hinterließ überall großen Eindruck: bei Raimund Nitsche, selbst bei Franco Gorgi, Buchautor und Freiheitsdresseur aus der Schweiz. Franco besuchte einen Lehrgang bei mir, als er Daya kennen lernte. Sie behandelte gerade eines meiner Pferde. Er war sehr skeptisch, entschloss sich dann aber doch dazu, sein Pferd von ihr anschauen zu lassen.

Er ging mit ihr in das hinterste Eck unserer Anlage, weil er nicht wollte, dass sie von irgendetwas beeinflusst wurde. Er war vollkommen fasziniert und konnte es gar nicht fassen, was Daya ihm alles über sein Pferd erzählte. Dinge, die sie gemeinsam erlebt hatten. Er sagte nur noch: »Die Frau ist unfassbar. Das konnte sie ja gar nicht wissen, es war ja quasi eine *unplugged*-Situation.«

Daya hatte mir in vielen Bereichen die Augen geöffnet und mir letztlich ein neues Gefühl für die Pferde vermittelt. Heute weiß ich, dass Pferde sehr viel mehr wahrnehmen, als wir denken, dass sie nicht nur im »Jetzt« leben, dass sie viel mehr Bedürfnisse haben ...

Wenn ich daran denke, wie sich Boa entwickelt hat, seit die kleine Kathi – unsere Pferdepflegerin – da ist. Sie gibt Boa jeden Tag das Gefühl, dass sie die Beste ist. Das Pferd hat sich zu ihrem absoluten Vorteil verändert. Wenn ich sie morgens mal streicheln wollte, um ihr einen schönen Tag zu wünschen, hätte sie mir früher am liebsten die Hand abgebissen! Inzwischen hält sie mir ihren Kopf hin.

Aber genau wie in die positive Richtung, kann es auch in die negative gehen. Wenn du natürlich jeden Tag in der Früh zu Deinem Pferd gehst und sagst: »Ach, eigentlich habe ich Dich als M-Dressurpferd gekauft und jetzt wackeln wir nur ein wenig auf dem Platz rum ...«, dann gibt es genau das gleiche Resultat. Das Pferd spürt es, wenn man ständig unzufrieden ist. Irgendwann ist das Pferd dann auch frustriert. Das Pferd hat natürlich auch die Möglichkeit, den Menschen »abzuschalten«, es braucht ihn ja nicht. Es hat seine Weidekollegen und die meiste Zeit ist der Mensch sowieso nicht da.

Ich denke nicht, dass es das Pferd wirklich nötig hat, mit uns zu »dealen«. Wir können uns glücklich schätzen, wenn es mit uns Kontakt aufnimmt, uns zuhört und uns vielleicht sogar zu verstehen gibt, dass es bereit ist, etwas mit uns zusammen zu machen. *Wenn das Pferd signalisiert: »Ich bin bereit mit Dir zu kommunizieren«, dann haben wir aus meiner Sicht das Höchste erreicht, was wir überhaupt mit Pferden erreichen können!*

4. Mexikanische Weisheiten

Im Jahr 2005 reiste ich nach South Dakota. Dort lernte ich einen Mexikaner kennen, der auf der Pferdemesse, die ich besuchte, Lasso-Tricks vorführte. Am Abend im Motel unterhielten wir uns über Pferdeausbildung. Er erzählte mir, was sein Großvater alles mit Pferden gemacht hatte und was er alles von ihm gelernt hatte.

Für seinen Großvater war der wichtigste Leitspruch für die Pferdeausbildung folgender: »Wenn etwas heute nicht geht, geht es morgen. Wenn es morgen nicht geht, dann geht es nächste Woche. Wenn es da noch nicht geht, dann geht es Ostern ...« Ganz schön kulant für ein Land, in dem echte Mexikaner

eigentlich auch echte Machos sind. Ich dachte eingehend darüber nach und fragte mich immer wieder: »Was ist denn eigentlich Konsequenz?«

Auf dem Heimflug viel mir dieser Leitspruch wieder ein. Je länger ich über ihn nachdachte, umso besser fand ich ihn. Eigentlich hatte ich ihn aber zu diesem Zeitpunkt noch gar nicht richtig verstanden. Ich hatte ihn dann aber doch irgendwo für mich eingespeichert ...

Konsequent sein – was bedeutet das eigentlich? Du bittest Dein Kind, sein Zimmer aufzuräumen und gibst ihm von acht Uhr in der Früh bis um 16 Uhr am Nachmittag dafür Zeit. Ist das Zimmer bis dahin nicht aufgeräumt, folgt ein Verbot. Du bist konsequent, aber Du lässt Deinem Kind acht Stunden für seine Aufgabe Zeit – das ist kulant.

Meist möchte man bei der Arbeit mit Pferden doch sein Ziel schnell erreichen. Wenn das Pferd die Traversale nicht richtig ausführt, im Spin schlampig dreht usw., dann wird geübt und probiert und dabei die Zeit oft völlig vergessen.
Am Schluss sitzt die Lektion meist nicht besser, und der Reiter ist nach einem langen »Kampf« selbst gar nicht mehr in der Lage, es zu beurteilen. Er ist nur selber froh, dass er irgendwann aufhören kann.

In solchen Situationen klinken sich die Pferde meist aus. Durch die Auseinandersetzungen und den Druck hören sie auf zuzuhören und schalten einfach ab. Das ist das Gleiche, wenn wir mit Kindern umgehen. Wenn der Druck zu groß wird, dann hören sie nicht mehr zu und machen einfach dicht.

5. Konzentration und Koordination

Sich konzentrieren zu können, ist ein ganz wichtiger Punkt bei der Arbeit mit Pferden. Reiter müssen lernen, sich auf das zu konzentrieren, was sie gerade mit ihren Pferden tun. Ich habe gesehen, dass meine Schüler unheimliche

Fortschritte machen, wenn ich sie in der Reiteinheit einfach mal »machen lasse« und sie weniger korrigiere. Sie können sich dann viel besser konzentrieren, als wenn ich sie ständig durch meine Kommentare unterbreche.

Ich stelle bei den Trainingseinheiten, die über vier Tage gehen, fest, dass sich Pferde und Reiter sehr gut entwickeln, wenn ich sie bereits in den letzten drei oder vier Trainingseinheiten in Ruhe lasse. Erst dann können sie sich voll konzentrieren. Die Pferde merken, dass die Menschen für die Sicherheit sorgen und die Pferde konzentrieren sich wiederum auf ihre Aufgaben. In der Dual-Aktivierung konzentrieren sie sich dann auf das, was wichtig ist: auf die Gassen. Dabei erlangen sie ein neues Körperbewusstsein.

Vor einiger Zeit hatte ich ein interessantes Gespräch mit einer Frau, die im Humanbereich mit Kinesiologie arbeitet. Sie erklärte mir, dass durch die »Vernetzung der Gehirnhälften« unheimlich viel im Körper passiert. Die Menschen bekommen ein größeres Bewusstsein für ihre Körper und erfahren erst einmal, wo vorne und hinten ist.

Durch sie wurde ich zum ersten Mal damit konfrontiert, dass in meinem Bewegungsablauf Mängel bestehen. Jeder denkt ja eigentlich, dass er gut koordiniert ist. Man weiß doch, wo hinten und vorne ist ... Sie fragte mich, ob ich öfter mal etwas umstoße oder fallen lasse? Das war tatsächlich so! Sie entgegnete: »Schau her, Du bist unkoordiniert.«

Was durch die Dual-Aktivierung wirklich alles im Pferd ausgelöst wird, ist letztlich noch nicht klar. Es lassen sich auf jeden Fall Parallelen zur Kinesiologie ziehen.

Am Anfang stand die Fahnenarbeit, rechts/links. Das Ziel war, das Sehvermögen des zweiten Pferdeauges zu stärken. Wir dachten: »Wenn das Pferd mit dem zweiten Auge bereit ist, richtig hinzuschauen, Erfahrungen zu sammeln und diese abzuspeichern, dann ist alles gut. Dann würde das Pferd alles gleichmäßig sehen.«

Ich hatte nicht im Geringsten darüber nachgedacht, was da noch alles dahinter stecken könnte: Durch dieses schnelle Hin- und Herschalten in den Gehirnhälften (um da wieder auf Herrn Prof. Dr. Jansen zu kommen, also

diese drei Dinge: Gemütszustand verbessern, Gesundheitszustand, Leistungsfähigkeit) kommt das Pferd in sein Körperbewusstsein.

Eine weitere Erkenntnis kam mir beim Reiten: Unser Ziel beim Reiten ist, dass das Pferd mit dem inneren Hinterbein mehr Last aufnimmt. Ich nenne das die »Lastungsdauer« erhöhen. »Lastungsdauer« deshalb, weil die Gewichtsverteilung beim Pferd von Natur aus 60 % vorne und 40 % hinten lautet. Das ist ein Ergebnis der Uni in Wien. Dort wurde das auf dem Laufband mit Hilfe von Zeitlupenkameras erforscht. Getestet wurde dabei, wann ein Pferd auf der Hinterhand Last aufnimmt.
Dabei passiert eigentlich Folgendes: Sie nehmen Last auf, d. h. sie bleiben länger auf dem jeweiligen richtigen Bein stehen, also auf dem Stützbein. Man nennt das innere Bein Stützbein, das äußere Schubbein. Wir wollen eine größere »Lastungsdauer« erreichen. Aber wie können wir ein Pferd dazu bewegen, in »Lastungsdauer« zu gehen, wenn es gar nicht weiß, wo das innere hintere Bein ist?

Nehmen wir einmal ein Beispiel aus dem Hundebereich. Ein Hund kann eine Leiter hochkraxeln, aber er kommt nicht mehr herunter. Dazu muss er erst einmal lernen, seine Hinterläufe bewusster einzusetzen. Das geht über bestimmte Trainingstechniken.

Für mich war klar: Das höchste Ziel beim Reiten sollte sein, das Bewusstsein des Pferdes für sein inneres Hinterbein zu schärfen. Auch wenn es oft nicht so verkauft wird, weil vielleicht die Trainer oder Ausbilder gar nicht in der Lage sind, ihren Schülern diesen Punkt zu vermitteln. Oder weil die Schüler einfach zu wenig reiten und dadurch kaum Erfahrung haben. Man spürt das nur, wenn man ausreichend Erfahrung sammeln konnte.

Bei der Dual-Aktivierung setzen die Pferde ihr inneres Hinterbein automatisch mehr ein. Sie kommen bei diesem Training in die Lastung. Gefördert wird das Ganze noch durch das Rechts-Links-Umschalten und die Bewusstseinsentwicklung.

Ich bin heute felsenfest davon überzeugt, dass Pferde keine Probleme mit den Wendungen haben, wenn von ihnen ein Bewusstsein für ihren Körper entwickelt wurde.

Das sehe ich an den Pferden, die in der Aktivierungsarbeit weiter fortgeschritten und im ständigen Koordinationstraining sind. Egal, wie diese Pferde in die Wendung reingehen, sie sind immer bemüht, es richtig zu machen. Ein Pferd, das »im Selbstbewusstsein steht«, also wirklich weiß, wo vorne und hinten ist, und seinen Körper kennt, verletzt sich weniger!

In der Dual-Aktivierung ist beim Longieren das Ausbinden der Pferde untersagt. Warum? Wenn ich longiere, wecke ich das Bewusstsein des Pferdes für seine Hinterhand. Dann brauche ich das Pferd auch nicht auszubinden. Die Pferde kommen von selbst in die Tiefe und zwar immer zu dem Zeitpunkt, in dem sie das Gefühl haben, dass es ihnen jetzt gut tut.

6. Position

Dass es beim Longieren wichtig ist, die Position zu halten, war für mich eine wesentliche Erkenntnis, an der ich weiterarbeiten wollte. Ich bin bei meiner Arbeit immer sehr spontan. Auch meine Ideen kommen mir spontan, mal auf dem Heimweg von einem Kurs, mal schaue ich irgendwo zu und plötzlich kommt mir eine Idee. Oder ich schnappe etwas auf, was aus meiner Sicht Sinn macht und verändere daraufhin etwas in meinem Training. Natürlich muss eine Sache nachvollziehbar sein und stets zum Wohle der Pferde.

Das ist der Grund, warum ich zu meinen Kursteilnehmern immer sage: »Passt auf, versucht mal zwei Tage lang ruhig zu sein. Schaut einfach zu, beobachtet, hört zu ... Viele maßgebliche Dinge, die mich in meinem Training weitergebracht haben, kamen durch genaues Zusehen und Zuhören zustande.« Es gibt einen netten Spruch bei den Förstern: »Halt im Wald offen Deine Augen, geschlossen Deinen Mund, dann werden Dir tausend Dinge kund!« Man kann natürlich nie die gesamten Inhalte eines Kurses mit nach Hause nehmen, sicher niemals alles umsetzen. Aber man sollte trotzdem versu-

chen, so viel wie möglich mitzunehmen. Ich sage vielleicht den für Dich alles entscheidenden Satz, aber Du unterhältst Dich gerade mit Deiner Nachbarin, dass die Reithose doch schon ganz schön knapp sitzt und Du eigentlich Größe 40 statt 36 bräuchtest. Was ich hier sage, meine ich so. Es ist wichtig, dass man bei der Sache bleibt.

Es ist schon eine ganze Zeit her, da beobachtete ich, wie Hubert Neudecker, ein alter Haflingerzüchter aus unserer Nähe, einen Hengst führte. Der Hengst war ziemlich unruhig, tobte und stieg. Auf der ganzen Strecke ließ sich Hubert nicht aus seiner Position verschieben. Der ging einfach weiter. Du konntest Meter für Meter sehen, wie das Pferd ruhiger wurde. Das gefiel mir gut. Ich probierte es dann bei meinen Hengsten aus. Siehe da, es funktionierte. Genauso machen es auch die Gestütswärter der großen Gestüte auf ihren Hengstparaden, wenn sie die Remonten vorführen. Egal, wie die Hengste an der Hand toben, die Gestütswärter gehen einfach im gleichen Tempo weiter, den Blick fest nach vorn gerichtet.

Bei der Positionsarbeit wird das Pferd nicht rumgerissen oder rückwärts gerichtet. Die Arbeit ist viel feiner.
Wenn wir über Position sprechen, sollten wir uns vorab die Struktur in einer Pferdeherde ansehen.
In einer Pferdeherde wird nicht herumgeprügelt, vorausgesetzt, die Herde ist gut strukturiert. Kommunikation geschieht durch Körpersprache, durch Wahrnehmung von Körpersilhouetten (z.B. angelegte Ohren), Bestimmen von Tempo und Richtung (Leitstute) und der Position im Raum (z.B. wer zuerst ans Wasser darf).
Wir haben zum Beispiel fünf Stuten in der Herde. Wenn wir noch eine dazustellen, wissen wir nicht, welchen Rang sie einnehmen wird. Es kann sein, dass wir in der Herde schon fünf *Bäuerinnen* haben. Geben wir noch einmal eine *Bäuerin* dazu, dann hauen die sich natürlich schon mal die Köpfe ein, weil keine von diesen Sechsen zum Führen geboren wurde.
Ist die Herde aber gut strukturiert, ist eine ranghohe Stute, eine Herrscherin da, die von ihrer Mama bereits gelernt hat, wie man eine Herde führt, dann

reicht ein Ohrenanlegen, um die Anderen zum Weichen zu bringen. Da wird nicht geplärrt oder geschlagen ...

Eigentlich ist eine Herdenstruktur auch vergleichbar mit der Struktur in einer Firma. Ist der Chef unfähig oder nie da, machen die Angestellten gerne was sie wollen und sind in ihrer Arbeit wenig effektiv. Vielleicht weil sie untereinander so viel zu klären haben, was eigentlich der Chef erledigen sollte.

Das Gleiche passiert am Anbindeplatz. Wenn das Pferd nicht still steht, dann wird von einer Seite zur anderen marschiert. Man brüllt: »Stell Dich hin! Steh still!«, aber man hat immer das Gefühl, dass keiner weiß, wer da wen bewegt.

Ich versuchte mal Folgendes: Beim Wechseln der Seite blieb ich einfach stoisch stehen. Das Ergebnis war, dass das Pferd versuchte, meine Position zu verschieben. Entweder durch Berührung oder nur durch Energie. Du spürst einen Druck und bist wieder geneigt, Dich zu bewegen. Eins ist sicher: Wenn man das durchzieht, erkennt das Pferd einen unheimlich schnell als den Führenden an.

Was heißt denn eigentlich führen? Führen muss nicht automatisch dominieren heißen. Dominanz ist für mich mittlerweile ein Unwort. Es gibt immer zwei Wege zusammenzuarbeiten. Hier ein Beispiel aus der Geschäftswelt: Du hast einen Chef, der Dich gut bezahlt, den Du aber nicht magst. Du erledigst Deine Arbeit so, dass er einigermaßen zufrieden ist. Es gibt aber auch den anderen Chef, den Du respektierst, den Du toll findest. Für den arbeitest Du auch für weniger Geld, aber mit doppeltem Einsatz. Oder einfach gesagt: Du kannst für Geld arbeiten oder für Geld und gerne. Für die Pferde ist das Geld das Lob. Der Profit ist das Nachgeben seines Reiters, wenn es etwas gut gemacht hat. (Sein Futter und seine Box wird Ihr Pferd als selbstverständlich ansehen.)

Das Pferd sollte uns respektieren, weil es weiß, dass es uns hundertprozentig vertrauen kann. Wir wissen, dass es bei uns keine Raubtiere gibt, wir wissen, dass sie demnach nicht gefressen werden. Wir versäumen nur, ihnen das zu sagen und zu zeigen.

Was jedes Pferd von seiner Mama gelernt hat, ist, dass derjenige führt, der die Position hält. Und derjenige, der führt, sorgt für die Sicherheit. Für die Sicherheit sorgen heißt, Du deckst einige der Urängste der Pferde ab: Die Angst, gefressen zu werden und die Angst, die Balance zu verlieren. Diese Ängste bekämpfen wir, indem wir mit den Pferden an ihrer Koordination arbeiten.

Stellen Sie sich einmal Folgendes vor: Es gibt zwei Urängste in Ihrem Leben. Plötzlich kommt jemand, der Ihnen diese beiden Ängste nimmt. Diese Person wird für Sie immer eine ganz besondere Stellung haben. So sollte es ja auch in einer Partnerschaft sein, dass man sich gegenseitig vertraut und man die »Urbedürfnisse« abdeckt: das Bedürfnis, sich zu ernähren und sich in der heutigen Zeit einen gewissen Luxus leisten zu können. Diese Sachen stehen ja letztendlich über allen anderen Dingen. Deshalb ist es so: Wenn man Position einnimmt, fügen sich alle Pferde ein. Sie finden es total klasse, dass der Mensch jetzt endlich für die Sicherheit sorgt. Damit haben wir schon einmal einen ganz großen Teil unseres Problems erledigt.

Beim letzten Trainerlehrgang im Juli 2007 erlebten wir etwas, das durchaus einzigartig genannt werden darf. Wir arbeiteten auf dem Reitplatz, an den gleich Zesels (mein Pony-Zebra-Mix) Offenstall mit Paddock angrenzt. Dort »wohnt« Zesel mit ihren beiden Kumpels Rhett Butler und Scarlett O'Hara, zwei dicke kleine Shetlandponys. Der erste Hauptdarsteller ist Rhett, er ist inzwischen Wallach – denn als Hengst war er untragbar. Er lief von Koppel zu Koppel, brachte alles durcheinander und hatte nichts als Blödsinn im Kopf.

Eine Geschichte möchte ich dazu noch vorausschicken, bevor ich zum Thema »Position« zurückkomme. Rhett war an einem matschigen Wintertag zum dritten Mal aus seiner Koppel ausgebrochen und ich watete bereits zum dritten Mal durch den Matsch, um den Unhold zurück zu Zesel und Scarlett zu bringen. Ich war wütend, sehr wütend und konnte es nicht fassen, dass er immer wieder ausbrach, obwohl der Strom angestellt war.

Nachdem ich ihn zurück auf die Koppel gestellt hatte, fummelte ich etwas ungeschickt an dem Tor herum und berührte aus Versehen Rhetts Kopf mit dem Torgriff. Er zeigte keine Reaktion und ich drückte den Torgriff noch ein wenig fester an seinen Kopf. Von ihm kam wieder keine Reaktion. Ich lachte und dachte: »Na ja, wenn kein Strom fließt, dann ist ja alles klar.« Ich drückte mir den Griff in die Handfläche und natürlich machte es »BATZ!«. Ich bekam einen unangenehmen Stromschlag. Ich hörte Rhett Butler förmlich lachen. »Stromfest« ist er auch heute noch ...

Doch nun zurück zu der unglaublichen Geschichte: Rhett stand brav in seinem Paddock und unsere Hündin Neele, die wir vor drei Jahren in Ungarn gerettet hatten, ging mit ihrem halben Körper unter den Paddockstangen durch und knurrte Rhett an. Zuerst verstanden wir nicht, um was es ging, aber dann wurde es uns klar: Rhett sollte seine Position verlassen. Neele wurde immer wütender und ihr Knurren immer lauter und heftiger, doch Rhett bewegte sich keinen Millimeter. Das Ganze dauerte ca. eine Minute, bis sich Neele plötzlich zurückzog. Wir lachten und sagten noch scherzhaft: »Na, Neele, »Positionskampf« verloren?« Plötzlich setzte Neele erneut an und wieder begann das gleiche Spiel, doch diesmal mit einem anderen Ausgang. Neele biss herzhaft in eins von Rhetts stämmige Vorderbeinchen. Rhett musste sich nun bewegen. Neele zog sich zufrieden zurück. Was lernen wir daraus? In der anschließenden Diskussion kamen wir zu der Erkenntnis: Es ist eigentlich wie beim Menschen. Wenn das Können aufhört, beginnt die Gewalt! Natürlich ist Position zwischen Mensch und Mensch, Mensch und Hund, Mensch und Pferd und sogar zwischen Hund und Pferd wichtig. Also eine elementare Art der Kommunikation – machen wir uns doch die Position einfach zunutze.

7. Körpersprache

Ich bin ein großer Anhänger der Körpersprache. Es muss aber eine natürliche Form der Körpersprache sein. Auf keinen Fall sollte man sich dabei weiß der Teufel wie verrenken müssen, um das Pferd zu verlangsamen.

Wenn ich das Pferd beschleunigen möchte, nehme ich mehr Energie auf, d.h., ich nehme Luft auf, atme ein. Will ich das Pferd verlangsamen, lasse ich Luft raus. Ich mache das immer mit einem Zischton. Unnatürliche oder angelernte Körpersprache vergisst Du immer dann, wenn eine Stresssituation aufkommt. Alles, was man sich angelernt hat, wiederholt man zu selten, als dass es in jeder Situation abrufbar wäre.

Unsere Gedanken drücken sich in unserer Körpersprache aus. Das ist eine ganz wichtige Grundlage. Die Voraussetzung für erfolgreiches Training ist, dass die Pferde einem zuhören. Dass sie zuhören, liegt an der Position, die Du innehast. Und wenn Du die Position erst einmal hast, dann kannst du ganz viel machen.
Du musst Deinem Pferd einfach die Zeit geben, die es braucht, um etwas zu verstehen. Das ist ein ganz entscheidender Faktor. Die Pferde lernen relativ schnell, um was es zum Beispiel in den Gassen geht. Dadurch sehen sie in ihrem Tun einen Sinn.

Das ist auch das Problem bei der Fahnenarbeit. In der Dual-Aktivierung schwenken wir eine gelbe Fahne ruhig von rechts nach links und umgekehrt. Es geht darum, dass das Pferd ein Objekt mal auf der rechten Seite wahrnimmt und mal auf der linken. Sinn der Übung ist, das schnelle Umschalten zu trainieren. In der Fahnenarbeit sehen die Pferde keinen Sinn. Da muss der Mensch eingreifen und dabei sehr konzentriert sein. Es geht immer wieder darum, das Pferd mit: »Pass auf, hier ist die Fahne«, wachzurütteln.

Beim Reiten und Longieren spüren alle Pferde schnell, dass sie ein anderes Bewusstsein für ihren Körper bekommen. Ich meine damit, sie beginnen *richtig zu laufen.* Dadurch haben sie es viel leichter, weil sie Energie sparen. Und Pferde sind nun einmal Energiesparer!

Eine gute Koordination zur haben und das Gefühl, freie Energien zu besitzen, gibt Pferden eine wahnsinnige Sicherheit. Das Zeitsystem 10/10/5, das wir entwickelten, zeigt, dass wir hier auf dem richtigen Weg sind.

Wir gingen davon Pferde aus, dass sich Pferde 25 Minuten konzentrieren können. Diese 25 Minuten teilten wir in Sequenzen ein. Es ist immer dasselbe Zeitfenster: 10 Minuten lang wird aufgewärmt, zwei Minuten Pause, 10 Minuten lang wird getrabt und wieder Pause. (Hier kann die Pause durchaus länger sein. Das macht man von der Atmung und der Erholungsphase abhängig, die das Pferd benötigt.) Danach geht es fünf Minuten hoch konzentriert ins »Final-Reiten«. Dabei werden schnelle Wechsel geritten und ein zügiges Tempo vorgelegt. Wir haben die Erfahrung gemacht, dass die Pferde dann, wenn man eine Weile so trainiert, alles ganz genau verarbeiten. Nach der zweiten Pause wissen sie, dass sie jetzt Leistung freigeben können, denn das Training geht in die »letzte Runde«.

Wenn man immer zum Ende der Einheit beginnt, mehr vom Pferd zu fordern, dann merkt es sich das. Signalisieren wir ihm: »Komm, jetzt packen wir's zusammen!«, wird das Pferd mehr Energie freisetzen. Eben, weil es weiß, jetzt kommt gleich eine Pause. Das ist für mich der Hintergrund intelligenten Pferdetrainings: Ich möchte an die verborgenen Ressourcen des Pferdes ran.

Die meisten Pferde arbeiten in einem Potenzialbereich von vielleicht 20 % bis 30 %. Sie hätten sicher 70 % und mehr zur Verfügung. Sie würden ihren Reitern viel mehr Freude machen, wenn sie an ihre Potenziale rankämen.

In der Praxis läuft es häufig so: Man reitet eine Dreiviertelstunde im Reitunterricht, dann setzt sich der Reitlehrer noch einmal drauf und reitet Korrektur. Diese Maximalzeit speichert sich im Kopf des Pferdes. Es lernt: »Aha, es kann auch *so* lange dauern ...«. Also werden sie immer mehr Energie zurückhalten. Energie zurückzuhalten heißt aber auch, dass sie mit viel weniger Hingabe an die Sache rangehen.

8. Liebe geht durch den Magen ...

Viele Pferde haben Magenprobleme. Eine Studie belegt, dass ca. 60 % der Freizeitpferde, 85 % aller Sportpferde und nahezu 100 % aller Rennpferde sich mit diesem Problem rumschlagen. Ich bin der absoluten Überzeugung, dass das viel mit dem Training, aber auch mit der Fütterung zu tun hat.

Durch nicht artgerechte Fütterung wird die Schleimhautproduktion der Becherzellen im Magen des Pferdes unterbrochen. Deshalb greift die normale Magensäure die eigene Magenwand an und es entstehen Magengeschwüre. Das Pferd hat dann Schmerzen, die für den Besitzer anfangs nicht ersichtlich sind. Es verliert an Leistungsfähigkeit, weil ihn die Magengeschwüre zwicken. Es wäre im übertragenen Sinne so, als müssten wir mit Magenschmerzen einen 1000-Meter-Lauf absolvieren.

Haltung, Fütterung, Ausrüstung und Training sind alles wesentliche Elemente. Wenn ein Pferd dauerhaft leistungsfähig und gesund bleiben soll. Hier ist jeder Pferdebesitzer und Reiter gefragt.

Man muss sein Pferd lesen lernen. Fühlt es sich wohl? Ist alles wie immer? Warum bringt es heute nicht die Leistung von gestern?

Ich erlebe viele Pferde auf den Lehrgängen, die den Bauch einziehen, die nach der Arbeit Pickel am Hals bekommen, bei denen vorne der Sabber in Form von zähem Schleim rausläuft. Das alles kann auf Magenprobleme hindeuten.

Es gibt eine Menge Produkte auf dem Markt, die dem Pferd helfen können. Wichtig ist, dass man sich bei Futtermitteln von Fachleuten beraten lässt. Die Grundvoraussetzung ist sicher eine ausgewogene und leistungsgerechte Fütterung mit einer ausreichenden Menge Heu.

9. Das Bauchgehirn

Auf meinen Kursen sage ich gerne: »Verlasst Euch mehr auf Euren Bauch.« Ich meine damit, dass wir lernen sollten, mehr in uns hineinzuhorchen. Wenn man das Gefühl hat, dass gerade etwas verlangt wird, das einem (und auch dem Pferd) nicht gefällt, dann sollte man es abbrechen.

Ich möchte davor warnen, zu lange zu warten. Brechen Sie ab, wenn Sie spüren, dass etwas in die falsche Richtung geht. Ich hatte bei meinem Solino damals zu lange gewartet. Sagen Sie: »Ich höre auf, ich will das nicht.« Meistens geht sowieso alles schief, wenn man mit einem schlechten Gefühl weiter reitet.

Auch wenn man vielleicht noch nicht so viel vom Reiten und von Pferden versteht, darf man trotzdem eine eigene Meinung haben. Gerade, wenn es zum Beispiel um die Behandlung des eigenen Pferdes geht.

Lassen Sie sich nicht mit einem: »Du hast ja keine Ahnung« abweisen. Sagen Sie einfach: »Ich will das nicht und ich steh dazu. Es ist mein Pferd und mein *Bauchgehirn*, das NEIN sagt.«

Auch im privaten Bereich hat mich mein »Bauchgehirn« eigentlich nie getäuscht. 2005 verkaufte ich meine Firma – ich hatte sie seit 1994 – an meine dienstälteste Mitarbeiterin. Als wir die Buchhaltung und den Schreibkram erledigten, stießen wir auf unseren Ordner »Pleiten, Pech und Pannen«. In ihm hatten wir alle Kunden abgelegt, von denen wir nie einen Cent gesehen hatten. Beim Durchblättern der Akten sagte ich zu Claudia: »Komisch, bei fast all dieser Leute hatten wir doch schon ein schlechtes Gefühl im Bauch, als Sie unseren Laden betraten. Wir hätten mehr auf unser Bauchgehirn hören sollen ...«

Wie oft haben Sie das selbst schon erlebt? Mal ehrlich: einmal, zehnmal oder noch öfter? Natürlich ist es wichtig und richtig, Dinge zu überdenken und Entscheidungen abzuwägen ... Man sollte dabei dennoch öfters mal seinem »Bauch« folgen. Nicht immer, aber immer öfter ...

2006 war mein Rennpferd Boa nicht gerade erfolgreich. Meine Frau hatte das Gefühl, dass Boa auf eine kürzere Distanz gehörte. Ich wehrte mich zwar, aber Sabine behielt Recht, denn nicht 2000 m, sondern die reduzierten 1400–1600 m waren die ideale Strecke für die Stute.

Man sollte sich ganz besonders bei den Trainingszeiten auf sein »Bauchgefühl« verlassen. Die Uhr sagt zwar vielleicht, dass erst fünf Minuten vergangen sind, aber der »Bauch« sagt einem: »Das Pferd kann nicht mehr!« Hören Sie dann auf Ihren »Bauch« und beenden Sie das Training. Das ist meistens der richtigere Weg.

Übrigens: Der Magen-Darm-Trakt hat ähnlich viele Nervenenden, wie das Gehirn, allein deshalb verdient er schon den Namen Bauchgehirn. Stress und Angst beeinträchtigen die Funktion des Darmes und auch die objektive Wahrnehmung.

10. Balance

Reiter berichten häufig: »Mein Pferd ist erschrocken und weggesprungen.« Meistens landen die Reiter dann auf dem Boden, und das Pferd bleibt ca. einen Meter ruhig neben ihnen stehen. Das sieht im ersten Moment gar nicht nach Flucht aus. Ich denke, es kommt zu einem solchen Satz zur Seite, weil das Pferd etwas Unbekanntes sieht und bei ihm dadurch die erste »Urangst« ausgelöst wird. Das Fluchtschema wird eingeleitet. Darauf folgt dann seine zweite »Urangst«, die Balance zu verlieren.

In dem Moment, in dem der Mensch plötzlich »weg« ist, kann sich das Pferd wieder ausbalancieren und es bleibt stehen.

Man kann vom Boden aus zum Beispiel am Gesichtsausdruck oder an der Hinterhandaktion des Pferdes eine Menge sehen – zum Beispiel seine Reaktion auf eine Reiterhilfe oder auch seine Angst.

11. Die Chronologie der Katastrophe

Es gibt eine so genannte »Chronologie der Katastrophe«. Hier ein Beispiel eines Pferdes, das plötzlich zu buckeln beginnt und keiner versteht warum. Der Sattel passt, auch sonst sitzt alles gut, ferner werden gesundheitliche Gründe für das Verhalten ausgeschlossen.

Als Grund stellt sich ein Blumenkübel heraus, der neu in der Halle aufgestellt wurde. Es nimmt diesen Kübel mit dem rechten Auge wahr. Diese Information wird in den Erfahrungsfilter geschickt, der sagt: »Kennen wir nicht ...« Damit kommt es zur Reaktion des Pferdes: »Ich kenne das nicht, das könnte ein Raubtier sein.« Just in der nächsten Tausendstel-Sekunde verliert die Hinterhand ihre Koordination und somit das Pferd seine Balance. Dann setzt das Fluchtschema ein: steigen, hinlegen, abhauen, zur Seite springen oder buckeln ... Dieses Pferd setzt das Fluchtschema »buckeln« ein und buckelt, was das Zeug hält.

Das Ergebnis: Der Reiter fällt runter, das Pferd bleibt stehen, steht dann irgendwo in der Halle und sieht den Kübel mit dem linken Auge. »Aha« denkt es, »super, das Fluchtschema hat wieder funktioniert. Ich wurde nicht gefressen, die Balance ist wieder da und der lästige Kartoffelsack vom Rücken runter.« Problem gelöst! Tatsächlich wurde das Problem aber durch Positionsveränderung gelöst.

Beide Pferdeaugen gleichmäßig zu trainieren ist aus meiner Sicht die Lösung. Meine These lautet: Beim Pferd existieren ein Fluchtauge (überwiegend das rechte Auge) und ein Sicherheitsauge (überwiegend das linke). Durch diese Anordnung ist es dem Pferd möglich, mit dem Fluchtauge nach vorn zu sehen, wo es hingaloppiert und gleichzeitig mit dem Sicherheitsauge nach links, um den Feind im Blick zu behalten.
Wären beide Augen gleichmäßig trainiert, wäre die Koordination und damit die Balance wesentlich stabiler, was wiederum in Stresssituationen ein absolutes Sicherheitspolster für das Pferd ist.

Das zeigt sich in der Praxis bei der Arbeit in der Dual-Aktivierung am so genannten Dreieck. Longiere ich die Pferde durch das Dreieck, dann gibt es zuerst unheimlich viele Probleme, weil die Pferde auf jeder Seite eine Dual-Gasse wahrnehmen.
Hängt die Longe oder hängen beim Reiten der Zügel durch, dann »hören« die Pferde auf sich und erspüren erst einmal ihre Hinterhand. Das Problem beim Dreieck: Sie gehen mit der Vorhand rein, in dem Moment muss gleich die Hinterhand nachkommen, während die Vorhand schon wieder aus dem Dreieck geht und dann muss die Hinterhand auch noch raus.

Bei der Figur »Reiten in die Achten durchs Dreieck« ist der Abstand jedes Mal ein anderer. Man sieht bei dieser Übung schön, wie die Pferde sich entwickeln. Sie kommen nach etwas Übung immer öfter mit dem richtigen Hinterbein aus dem Dreieck. Das Pferd geht in die Rechtsbiegung, kommt ins Dreieck und wird dann nach links weggebogen. Dann sollte es mit dem inneren Bein, also in dem Fall mit dem linken, zuerst über das Dreieck gehen, damit es sofort auf dem richtigen Stützbein steht. Pferde taxieren mit der Zeit so genau, dass sie sich den Ablauf sekundenschnell vorher »errechnen«, um

dann entweder stark zu verkürzen oder stark zu verlängern, damit sie ja mit dem richtigen Bein rauskommen.

12. Das faule Pferd und der Renner

Das Dreieck ist ein 100-%-iger Indikator, um herausfinden zu können, was mit dem Pferd ist. Wenn ich ein Pferd durchs Dreieck laufen sehe, weiß ich, was mit ihm los ist. Die Leute erzählen mir: »Oh, mein Pferd ist so faul«, aber am Dreieck erkenne ich dann, dass es absolut unkoordiniert und unbalanciert ist.

Was ist eigentlich ein faules Pferd? Das faule Pferd ist in der Regel unkoordiniert und unbalanciert und hat herausgefunden, dass – wenn es ganz langsam geht – kein Balanceverlust droht. Außerdem wissen wir, dass unkoordinierte Pferde sehr viel Energie verbrauchen. Das ist der Hauptgrund, warum sich solche Pferde nicht bewegen wollen.

Bei dem anderen Extrem, einem Pferd, das nur rennt, ist es dasselbe. Das Pferd ist unbalanciert, unkoordiniert und versucht, seine mangelnde Balance über Geschwindigkeit auszugleichen.
Denken Sie mal ans Fahrrad fahren. Es ist viel schwieriger, ganz langsam zu fahren, als schnell. Fürs Langsamfahren braucht man eine unheimlich gute Balance.
Mit der Dual-Aktivierung kann man bei *Schritt*- oder *Trabflüchtern* sehr gute Ergebnisse erzielen. Sobald sie ausbalancierter sind, wird es besser mit ihrer Raserei.
Nimmt der Reiter bei einem Pferd, das noch nicht ausbalanciert ist, die Zügel auf, kann es leicht dazu kommen, dass es die Balance verliert. Ließe der Reiter die Zügel lang, würde das Pferd eventuell den Kopf fallen lassen, sich nach vorwärts-abwärts strecken und damit seine Balance wieder erlangen. Die Klassiker sagen: »Man kann nur vorne aufnehmen, wenn hinten mitkommt.«

Man kann ein Pferd erst versammeln, wenn seine Hinterhand aktiv ist. Alles andere wäre kontraproduktive Arbeit: Der Rücken würde festbleiben. Jetzt sind wir wieder genau bei dem Punkt – die Hinterhand muss vom Pferd bewusst eingesetzt werden, es muss sie spüren. Das hängt eng mit dem Muskelaufbau beim Pferd zusammen.

Josef Aschauer ist Spezialist für Reha und Muskelaufbau und seit vielen Jahren im Bodybuilding- und Fitnessgeschäft tätig. Er erklärte mir, dass es besonders wichtig ist, jeden Menschen erst einmal zu koordinieren, bevor er überhaupt trainieren darf. Wenn die Voraussetzung gegeben ist, wächst auch der Muskel sehr schnell. Man übertrage das auf das Pferd und bedenke die Koordination in Bezug auf die lebenslange Nutzungsdauer.
Da wurde mir klar, warum wir bei der Dual-Aktivierung so einen gigantischen Muskelaufbau haben. Die Pferde sind koordiniert und der Muskel kann gleich an der richtigen Stelle ansetzen.

Es ist wichtig, dass ein Pferd erst einmal lernt, genau den Muskel, den es braucht, anzusprechen, um eine eventuell beschädigte Stelle zu stützen. Bei der Dual-Aktivierung machen wir im Prinzip nichts anderes. Wir haben zum Beispiel große Erfolge erzielt bei Almondos durchtrittigen Beinen und wir verbesserten Boas gesamte körperliche Konstitution ganz erheblich.
Ich bin der felsenfesten Überzeugung, dass Pferde, die sich ganz bewusst bewegen und ihre Muskulatur ganz bewusst ansprechen, wissen, wo ihre Schwachstellen sind und sich von innen heraus helfen.
Es gibt Mediziner die behaupten, unser Körper gleicht alle Schwächen aus, wenn er voll im Bewusstsein steht.

Das gilt auch für die Ernährung. Wir brauchen zum Beispiel inzwischen einen Bruchteil des Futters für unsere Rennpferde, weil sie alles aus ihren Rationen herausziehen. Ich sehe andere, die müssen füttern, füttern, füttern. Ihre Pferde scheinen nicht in der Lage zu sein, das Nahrhafte aus dem Futter herauszuholen.

13. Die Kettenreaktionen der Dual-Aktivierung

Das Gesamtkonzept: Zuerst beginnt man, Position zu beziehen. Plötzlich merkt das Pferd, dass man zuhört und aufmerksam ist. Die Reaktion des Pferdes – es hört auch zu. Das sorgt für Wohlbefinden, das gibt Sicherheit, die erste Urangst – gefressen zu werden – fällt weg.

Dann beginnt man mit dem Balancetraining. Das Pferd lernt relativ schnell, dass es mit der Vorhand und Hinterhand in Balance kommt und sich koordinieren kann. Die zweite Urangst wird kleiner.

Plötzlich nimmt das Pferd ganz anders am Leben teil, plötzlich fühlt es sich wohler. Ich glaube, dass es bei Pferden auch zu einer Veränderung der Wahrnehmung kommt. Das ist dasselbe beim Menschen, der sein Leben komplett umstellt, sich gesünder ernährt und Sport macht. Man hört nicht selten: »Ich fühle mich wie neu geboren!«

Gesunder Körper, gesunder Geist – dazu werden noch die Lernfähigkeit und die Aufnahmefähigkeit beim Pferd gefördert.

14. Ein Sturz und seine Folgen

Elf Tage vor Boas erstem Rennen wurde sie von Kathy bei uns auf der Rennbahn geritten. Nach der dritten Runde nahm Boa plötzlich eine Traktorspur wahr, die sie vorher wohl übersehen hatte ... Sie erschrak sich heftig und drehte um 180 Grad ab. Kathy fiel herunter. Unglücklicherweise stürmte Boa raus aus der Bahn, auf die Teerstraße und stürzte gleich der Länge nach. Sie sah aus, als hätte man sie durch den Fleischwolf gedreht: ein Loch hinter dem Kronbein hinten rechts, einige Schürfwunden, ein Schnitt im unteren Brustbereich, vorne rechts ein dickes Bein. Sie war stocklahm und aus der klaffenden Wunde sickerte das Blut.

Sie wurde umgehend von unserer Tierärztin behandelt. Nähen und klammern wollte sie die Wunde nicht, weil sie Boa dafür hätte sedieren müssen. Leider lässt Boa sich vom Tierarzt nicht so wahnsinnig gern behandeln. Die

Tierärztin empfahl, die Wunden mit Puderzucker abzudecken.

Einen Tag nach dem Unfall strich ich sie von der Liste für das Rennen. Das Pferd war strocklahm und es waren schließlich nur noch zehn Tage bis zum Start.

Nach drei Tagen war ihr Bein wieder dünn und sie ging klar. Bei der Nachuntersuchung wurde Boa vorgetrab – die Ärztin konnte es kaum glauben. »Wenn Du mich fragst, kann sie laufen«, sagte sie völlig überrascht. Also meldeten wir Boa und trainierten mit ihr wieder ganz normal. Der Clou an der Geschichte: Am 9. April 2007 gewann sie sogar dieses Rennen in München!

Ich denke, dass Pferde sich, wenn sie ihren Job gerne machen, mit aller Gewalt gegen eine Krankheit wehren und ihre Selbstheilungskräfte aktivieren.

Kapitel 5
Geitner
in Balance

1. Die Serientäter

Eines Tages erhielt ich einen Anruf, ob ich Interesse hätte, an einem Kino-projekt mitzuwirken. Die Geschichte schien mir so spannend, dass ich so-fort zusagte. Daraus wurde der Film FRIEDENSSCHLAG, ein 90-minütiger Dokumentarfilm.

Der Film erzählt die Geschichte einer Handvoll junger Männer, die vor der Herausforderung ihres Lebens stehen: Endstation Knast oder das Einreißen aller Mauern, mit dem Ziel, sich selbst anzunehmen.

Hauptakteure waren jungendliche Serienstraftäter, die an einer Maßnahme teilnahmen und damit die Chance bekamen, vorzeitig das Gefängnis zu ver-lassen. Im Mittelpunkt des Films stand eigentlich das Boxen. Die Gefange-nen machten in Unterhaching bei München eine »Boxtherapie«. Tagsüber arbeiteten sie in einer Schreinerei, eine Einrichtung mit dem Ziel, sie später in einen Job zu vermitteln, um ihnen den Knast in Stadelheim zu ersparen.

Eine Station dieses Weges, der im Film aufgezeigt wird, war mein Hof und die Arbeit mit den Pferden. Die Betreuer hatten mich gefragt, da die Bur-schen ziemlich derb waren und einfach ein gestandenes Mannsbild brauch-ten, der sich hinstellte und sagte: »Freunde, so schaut das aus.«

Ich stellte ihnen bestimmte Aufgabe mit meinen Hengsten. Es ging um Po-sition halten und Dominanz ohne Gewalt erzeugen.

Am Nachmittag war es so weit. Die Crew, die Betreuer und die Jugendlichen kamen auf unseren Hof. Alle waren überraschend freundlich, freundlicher als sonst, wie mir die Therapeuten dann im Nachhinein berichteten. Wobei die Betreuer letztlich zu dem Schluss kamen, dass es ganz einfach daran lag, dass hier die Positionen vom Start weg klar waren.

Vorab erklärte ich den Jugendlichen etwas über Pferde und sagte: »Jungs, egal, was ihr draußen angestellt habt, egal wie stark ihr mit dem Messer in der Hand seid ... Hier seid ihr »nackig«. Auch wenn Du das größte Großmaul bist, das Pferd wird Dir zeigen, ob Du was kannst oder nicht. Und wenn Du nichts kannst, dann macht es aus Euch »Hackfleisch«.« Alle drei hatten dann sofort unheimliche Angst vor den Pferden, das war schon mal eine spannen-de Erfahrung.

Sie putzten die Pferde und hielten dabei einen riesigen Abstand. Ich warnte sie noch, sie sollten hinten ein bisschen aufpassen. Sie machten dann einen Bogen von zehn Metern um die Pferde. Einer war dabei, der hatte eine ziemlich große Klappe. Er bekam Champ, meinen Hengst, der nicht ganz unkritisch ist, wenn man nicht regelmäßig mit ihm arbeitet.

Das Großmaul ging mit ihm ins Roundpen und hatte die Hosen gestrichen voll. Wir starteten mit Positionsarbeit. Ich ließ ihn das Pferd ein wenig führen, ließ ihn Tempowechsel machen und dann aus der Position durch die Gassen longieren.

Es ist für mich bis heute unfassbar, dass alle Pferde wirklich durch die Gassen liefen. Die Burschen longierten die Pferde sehr gut! Sie schafften es, trotz ihrer Angst.

Sie konzentrierten sich einfach wahnsinnig und machten nur das, was ich ihnen sagte. Sie machten sich keine anderen Gedanken. Ist mein Pferd zu dick? Warum geht er keine M-Dressur? Hat es die Verletzung überwunden? Ist es zu eng, was ich longiere? Ist es zu weit? Ist das Pferd zu langsam? Ist es zu schnell? Was werden die anderen sagen? Was, was, was ...? Die Jungs hatten keine Fragen. Das alles war für sie nicht wichtig. Und die Pferde funktionierten wie am Schnürchen.

Wie minutiös die gewaltbereiten Jugendlichen meine Anweisungen umsetzten war wirklich verblüffend.

Pferde können mit Ängsten gut umgehen, wenn wir nicht in irgendeiner Form versuchen, sie zu verfälschen.

Am zweiten Tag kamen dann nur noch zwei mit, von denen nur einer bereit war, mit einem Pferd zu arbeiten. Der andere – Paul – hatte die Hosen gestrichen voll und wurde dann aggressiv.

Durch den Druck seiner Betreuer und sicher auch unseren fühlte er sich zunehmend in die Enge getrieben, bis er komplett ausflippte. Er äußerte sich dann nur noch in Fäkalsprache. Dem Kameramann wollte er die Kamera herunterreißen, danach wirbelte er wie ein Tornado über den Hof.

Was für mich ganz spannend zu beobachten war: einer war dabei, ein ganz dünner Typ, der stand mit verschränkten Armen etwas abseits und beobachtete den ganzen Tumult. Er bewegte sich nicht aus seiner Position heraus. Der Rest der Truppe war in Bewegung – Paul, die Therapeuten, jeder schrie herum. Der Pulk bewegte sich wie eine wabernde Gewitterzelle über den Hof, von hier nach da, von da nach dort. Da ahnte ich schon, dass der, der die Arme verschränkt hält, des Rätsels Lösung ist. Urplötzlich mischte er sich ein und rief: »Paul, halt, jetzt ist gut.« Sofort entspannte sich die Situation und Paul beruhigte sich. Hinterher hatte sich herausgestellt, dass er der Boxtrainer war. Er war derjenige, der Position hielt. So konnte er diesen Konflikt lösen.

2. Die Reduzierung auf das Wesentliche

Drei Tage später war Champ immer noch ein ganz anderes Pferd. Selbst beim Hinausbringen auf die Koppel, wo er sonst so gerne »Männchen machte«, ging er ganz brav neben mir her. Eigentlich hatte Senip, so hieß der Bursche, einen Wahnsinnsjob als *Pferdeflüsterer* gemacht. Das kann man über alle sagen. Alle arbeiteten mit der gleichen Manier.

Am Nachmittag bei der zweiten Einheit sollten die Jugendlichen u. a. das Annehmen und Nachgeben üben. Das bereitet meinen Schülern meist unheimliche Schwierigkeiten, weil sie häufig zu viel nachgeben oder zu spät. Bei den Straftätern war das nicht der Fall. Bei ihnen sah es so aus, als hätten sie seit zehn Jahren nichts anderes gemacht. Eigentlich perfekt.

Das ist mein Hauptanliegen auf einem Kurs: Ich möchte, dass es die Teilnehmer schaffen, sich auf das zu konzentrieren, was sie gerade machen. Auf das Wesentliche. Weil viele das nicht können, kommen sie auch nicht weiter. Wenn jemand zehn Jahre auf dem gleichen Stand bleibt und keine Fortschritte macht, dann liegt es nicht daran, dass er kein Talent hat, mit Pferden umzugehen, sondern weil er nicht fähig ist, sich auf das Wesentliche zu konzentrieren.

Denken Sie beim Reiten oder Longieren nicht daran, wann die Kinder abgeholt werden müssen oder wer das Auto aus der Werkstatt holt. Lernen Sie Ihre Gedanken zu kontrollieren.

Es wäre ein Leichtes, mit Pferden umzugehen, wenn man sich wenigstens 30 Minuten am Stück konzentrieren könnte. Deshalb sollten noch viel mehr Programme entwickelt werden, durch die Reiter zum Beispiel einen Zugang zum mentalen Training bekommen.

Man muss sich mal überlegen, was zum Beispiel die Shaolin Mönche durch Konzentration bewirken können. Kampfkunst basiert im Prinzip auf Konzentration. Die Mönche sind durch jahrelanges Training der Meditation und Konzentration in der Lage, eine Nähnadel durch eine Glasscheibe durchzuwerfen, was sonst keiner schafft. Sie können über glühende Kohlen gehen oder gegenseitig auf sich Bretter durchschlagen, nur durch Konzentration. So weit müssen Sie natürlich nicht gehen, ich möchte hier nur ansprechen, was Konzentration bewirken kann.

Es wäre der Schlüssel zu einer harmonischen und geklärten Pferd-Mensch-Beziehung, in der alles ohne Gewalt abläuft. Auch ohne diese »gewandelte Gewalt«, wie ich den psychischen Druck nenne, der häufig auf Pferde ausgeübt wird.

Dem Pferd muss man einen Ausweg zeigen. Wenn es etwas gut macht, direkt loben, nachgeben. Damit geben Sie Ihrem Pferd überhaupt einmal die Möglichkeit, das zu verinnerlichen, was es gelernt hat.

3. Was es bedeutet, der mentale Führer zu sein

Der mentale Führer für ein Pferd zu sein bedeutet, dass das Pferd seinen Rahmen kennen muss, in dem es sich bewegen kann. Das ist wie bei der Kindererziehung.

Zudem ist es bei der Arbeit mit Pferden unheimlich wichtig, einen gezielten Trainingsplan aufzustellen. Das Training sollte immer abwechslungsreich sein, darauf muss geachtet werden.

Das Pferd sollte regelmäßig gefüttert werden, damit es sich an Zeiten gewöhnen kann. Inzwischen bin ich davon überzeugt, dass für die Pferde ein strukturierter Tagesablauf ganz wichtig ist.

Ich bin gegen Pauschalisierungen wie zum Beispiel die Behauptung: »Ein Offenstall ist das Beste.« Er ist sicher nicht das Beste für jedes Pferd. Man muss genau hinsehen und einordnen, ob das jeweilige Pferd in einen Offenstall passt und sich dort wohl fühlt. Es gibt da genauso »Pudel-Naturen«, die besser in einer Box aufgehoben sind.

Ich besitze selbst so ein Pferd. Für die 10-jährige Vollblutstute aus Bulgarien ist es eine regelrechte »Strafe«, wenn ich sie auf die Koppel stelle. Bereits nach einer Viertelstunde schreit sie und signalisiert einem: »Bitte hol mich rein!« Das mache ich natürlich nicht, weil ich möchte, dass sie viel Sonne und Licht abbekommt. Andere Pferde können es gar nicht erwarten, raus zu kommen. Man muss sich wirklich auf jedes Pferd einstellen und viel individueller denken.

Früher dachte ich, dass man jedes Pferd in ein Schema pressen kann. Heute weiß ich, dass jedes Pferd seinen eigenen Charakter, seine eigenen Vorlieben und Abneigungen hat.

4. Selbstheilung, Autosuggestion und trotzdem mal schwach sein

Auf den Lehrgängen versuche ich, Sicherheit zu vermitteln. Das ist eine mentale Stütze, die ich Reitern und Pferden gebe. Ich verspreche ihnen am Samstagabend: »Macht Euch keine Sorgen, morgen geht das Reiten viel besser, ebenso wie das Longieren. Ihr werdet keine schlaflose Nacht haben, es wird alles super.« Und so wird es dann auch, weil sie es einfach so erwarten. Wenn ich mit jemandem länger zusammenarbeite, dann gebe ich ihm das Gefühl, dass er der Beste ist. Das gilt auch für meine Arbeit mit Pferden.

Wenn sich ein Pferd verletzt und lahmt, dann stelle ich es auf das Laufband und lasse es Schritt gehen, ich lasse es nicht rumstehen. Ich stehe am Laufband und sage: »Du brauchst dieses Bein.« Das sage ich in zehn Minuten hundertmal, wenn es sein muss. Damit suggeriere ich ihm, dass es weitergeht. Ich bin überzeugt, dass ihm das hilft, dass es Kraft daraus schöpft.

Das ist bei uns Menschen nicht anderes: Mir ist mal eine Flasche runtergefallen. Ich hatte einen Schnitt im Fuß, der war ungefähr vier Zentimeter lang und fünf Zentimeter tief. Die Wunde blutete wahnsinnig. Der Arzt erklärte mir, dass ich das Bein 14 Tage hochlegen müsse. Ich lachte ihn nur an und meinte, dass dies für mich nicht in Frage käme. Er fügte noch hinzu, dass es ihm klar wäre, dass ich das nicht könne, aber ich müsse es tun. Zwei Tage später fuhr ich auf einen Lehrgang. Das war im Sommer 2006. Die Wunde war damals so schnell verheilt, weil ich es wollte. Ich musste auf diesen Lehrgang, denn ich wollte diese 25 Leute nicht versetzen. Zum Teil hatten sie ein Jahr auf den Kurstermin gewartet.

Man weiß heute, dass Knochenbrüche bei den alten Ägyptern in ein paar Tagen verheilt waren. Ihr Überleben hing davon ab. Heute legt man sich gerne ins Krankenhaus und sagt: »Endlich mal 14 Tage Urlaub!« Wenn man es will, kann man unglaubliche Kräfte entwickeln!

Ich mag es nicht, wenn Turnierreiter sagen, dass Freizeitreiter ihre Pferde »kaputt« machen. Ich mag es auch nicht, wenn Freizeitreiter das über Sportreiter sagen. »Kaputt« geht ein Pferd immer dann, wenn es für seine Aufgaben nicht entsprechend vorbereitet wurde. Bricht sich ein Pferd auf der Koppel das Bein, dann sagt jeder: »Das war Schicksal.« Passiert das beim Springen oder auf der Rennbahn, dann heißt es: »Der Springsport, der Rennsport ...« Passieren kann immer und überall irgendwas. Negative Gedanken ziehen weitere negative Begebenheiten an, davon bin ich überzeugt. Das ist eine Erfahrung, die ich mit den Jahren erlangt habe.

Ein Beispiel: An Solino fummelten nicht nur Armeen von Therapeuten und Heilpraktikern herum, sondern ebenso viele Trainer. Sie alle versuchten, dem Pferd die Startmaschine schmackhaft zu machen. Eines Tages kam eben der EINE Trainer, der den professionellen Abstand zu ihm hatte und mit Solino dann ganz ruhig arbeitete. Uns war es nicht mehr möglich, Solino wertfrei an der Startmaschine zu sehen.

Wir hielten bei dem Verladen durch Horst die Luft an, denn wir wussten, dass Solino an guten Tagen durchaus in der Lage war, unsere Startmaschine zu zerlegen und eine Achterbahn aus ihr zu formen. Die Idee, Solino einfach am Huf mit dem Gertenknauf anzuticken, damit er sein Bein in die Maschine stellt, war mir so fern, dass ich zu ihm immer nur mit zitternder Stimme beschwörerisch sagte: »Brav, ruhig, guuuter Junge.«

Horst hatte mich bei Solino zu dem zurückgeführt, was ich eigentlich tagtäglich draußen mache. Neben kulant sein, eben auch mal konsequent sein, wenn es angebracht ist.

Diese Selbstverständlichkeit, mit der Solino von ihm in die Startmaschine gebracht wurde, wäre mir bei jedem anderen Pferd, wenn es ein Trainingspferd gewesen wäre, genauso gelungen.

Da ist mir bewusst geworden, dass man zu dem eigenen Pferd, in das man so viel Hoffnung setzt und das man so gern hat, einfach keinen professionellen Abstand hat. Ich wusste, wie Solino toben konnte und hatte Angst, dass er sich verletzen würde, wenn ich konsequent mit ihm arbeite. Es hatte mir einfach an Souveränität gefehlt, die ich habe, wenn ich mit einem fremden Pferd arbeite.

Das ist die Erklärung, warum man manchmal Hilfe von außen benötigt, auch wenn man schon ein erfahrener Pferdemensch ist: Es ist einfach schwierig für den Besitzer, sein eigenes Pferd von A nach B zu führen oder in einen Hänger rein zu bugsieren. Der Besitzer hat alle schlechten Erfahrungen im Kopf. Er hat einfach schon viel zu viel mit seinem Pferd erlebt, die Hoffnung verloren, ist enttäuscht worden oder hat die Reaktionen seines Pferdes sehr persönlich genommen.

Er kann dann nicht mehr unbefangen an die Geschichte herangehen. Das ist menschlich. Das predige ich auch auf meinen Lehrgängen: »Umso lieber Du das Pferd hast, umso schlechter funktioniert es oft.«

Das Problem ist, dass man durch seine Körpersprache alle abgespeicherten Erfahrungen ausdrückt. Man bewegt sich vorsichtiger oder drückt seine Sorgen damit aus.

Beim Verladen ist das am Hänger oft ganz deutlich zu sehen. Viele Menschen wissen, ihr Pferd steigt nicht ein. Kurz vor der Rampe beginnen sie

dann, eine geduckte Haltung einzunehmen und schleichen die letzten Schritte in den Hänger wie eine Raubkatze, die gleich das Abendessen klar macht. Man suggeriert dem Pferd, dass es da drinnen gefährlich ist. Eben weil man selbst darüber nachdenkt, was alles passieren könnte. Oder weil man die Probleme, die es gab, vielleicht schon abgespeichert hat. Negative Gedanken ziehen Negatives an. Die Macht der Gedanken ist enorm, wir kennen das alle. Wenn du ständig Angst hast und sagst: »Hoffentlich baue ich keinen Unfall«, dann wirst Du den Unfall bauen. Du ziehst das Unglück förmlich an. Man kennt diesen Spruch: »Das ist ein Mensch, der zieht das Unglück förmlich an, und der andere zieht den Erfolg förmlich an, weil er einfach an den Erfolg glaubt.«

An dieser Stelle können wir wieder zurückgehen an den Anfang zu Almondo. Wir waren der felsenfesten Überzeugung, dass Almondo das schnellste Rennpferd der Welt ist und suggerierten ihm das jeden Tag. Dass er zum damaligen Zeitpunkt wahrscheinlich der langsamste aktive Galopper war, war uns nicht bewusst. Wir waren vollkommen unbefangen, für uns war er der Beste. Irgendwann wurde aus ihm ein richtiges Rennpferd ... Bei ihm haben wir sicher eine Form von mentalem Training durchgeführt.

Es gibt oft Situationen, bei denen verrennt man sich in etwas. Situationen, in denen man keinen Millimeter mehr weiterkommt. Um diese »Betriebsblindheit« zu umgehen, muss man vielleicht mal jemand Anderen ranlassen.

Autosuggestion ist auch eine Möglichkeit, mit der man an Problemen arbeiten kann. Nehmen wir zum Beispiel die Angst vor einem Ausritt. Ich lege mich auf die Couch, mache die Augen zu und stelle mir vor, wie ich mit meinem Pferd ins Gelände reite. Ich denke nicht darüber nach, an welcher Stelle er wieder scheuen könnte, sondern ich stelle mir den Ausritt positiv vor. Ich denke: »Es wird super. Ein wunderbarer Ausritt, locker und entspannt.« So lautet die Botschaft.
Ich stelle mir z. B. immer den ersten Renntag mit ganz klarer Ausrichtung vor: Almondo erster, Annie zweite oder andersherum. Diese Vorstellung be-

halte ich von früh bis spät in meinen Kopf. Im letzten Jahr wurden es dann ein dritter, ein zweiter und ein erster Platz. Sensationell! Ich hatte keine Sekunde daran gedacht, dass sie verlieren könnten. Ich hatte immer wieder im Kopf: »Wir gehen ganz vorne, wir schaffen das!«

Als ich dann am Morgen des Renntages in den Stall kam und sah, wie gut Anni aussah, wusste ich, wir packen das nächste Rennen.

5. Alles LOLA!

Im Juli 2005 herrschte mal wieder der totale Ausnahmezustand bei uns. Es war nämlich gerade der erste Artikel über die Dual-Aktivierung in einer Pferdezeitschrift gelaufen. Es war nicht mehr möglich, die Menge an E-Mails, die täglich reinkam, zu beantworten. Die Resonanz war einfach irre und ich hatte kaum noch Energie.

Mir gehörte damals die Beschriftungsfirma noch zur Hälfte und ich musste täglich ins Büro gehen. Auf dem letzten Lehrgang im August, bevor ich meine Sommerpause mache, hatte mich dann auch noch ein Norwegerpony an die Wand gedonnert. Den kleinen Wallach konnte keiner halten ... Ich sagte: »Na ja, so schlimm wird er schon nicht sein.« Ich ging mit ihm in die Longierhalle und wollte nur ein paar simple Führübungen mit ihm machen. Der Wallach nutzte den Moment, als ich mich ans Publikum wandte, und schoss ab. Ich mit meinem Sturschädel ließ natürlich nicht los.

Auf dem Rückflug nach München spürte ich, wie die Prellung pochte und die Stelle anschwoll. Es war ein gigantischer blauer Fleck.

Ein guter Freund rief mich an und sagte, er hätte ein interessantes Hörbuch für mich: »Das LOLA-Prinzip.« Er glaubte, das würde mir weiterhelfen und er hatte Recht. Es ist eines der Bücher, das mich sehr beeindruckt und gefesselt hat. Ich habe mir aus diesem Buch gemerkt, dass man manchmal *loslassen* und den Dingen seinen Lauf lassen muss. Das Zweite: Tu Gutes, lebe Dein Leben gerade und fair, sodass niemand zuschaden kommt. Dann wirst Du auch immer jemanden haben, der Dir hilft, wenn es mal eng wird.

Da treibt ein Vater seinen eigenen Sohn in die Insolvenz, die totale Katastrophe. Meine Trainerkollegin baut mit einer Freundin eine Firma auf. Als diese gut anläuft, schmeißt die angebliche Freundin sie einfach raus. Wenn ich solche Dinge höre, dann kann ich mich heute so wunderbar zurücklehnen und sagen: »Das wird geregelt. Ich weiß nicht wann und wie, aber es wird geregelt!«

Das kann man bei vielen Dingen sagen, nichts bleibt unbeachtet. Zum Beispiel den Ärger und Schmerz um eine Stute, die uns verlassen musste, weil der Besitzer keinen Tierarzt bezahlen wollte. Da half mir wieder das LOLA-Prinzip: »Wer weiß, für was es gut war.« Vielleicht wäre sie nicht für den Rennsport geeignet gewesen, vielleicht hätte das Bein nicht gehalten oder sonst etwas. Ich hoffte, sie wird ein Freizeitpferd und kommt zu einer ganz lieben Besitzerin, die sich mit diesem tollen Pferd beschäftigt. Dann hatte alles einen Sinn.

Wenn ich mich so in der Welt umsehe, dann wird es mir manchmal übel. Zu was Menschen alles fähig sind, ist unfassbar.
Ich kann mir ein Stück weit meine eigene Welt einrichten und ich kann einfach Vorbild sein. Jeder kann sagen: »So mache ich das nicht, ich bleibe fair.«

Ich habe mal etwas erlebt, da wusste ich vom LOLA-Prinzip noch nichts. Es war für uns eine ziemlich schwierige Zeit, damals, als wir den Hof neu gekauft hatten. Wir hatten uns finanziell ein bisschen weit aus dem Fenster gelehnt.
Es war so schlimm, dass wir über eine kurze Phase nicht einmal 4000,- DM vorstrecken konnten, um Heizöl zu tanken. Genau zu diesem Zeitpunkt sah ich auch noch einen Bericht im Fernsehen, in dem beschrieben wurde, dass die Heizung komplett kaputt geht, wenn man sie trocken laufen lässt. Dann wären über 40.000 DM fällig gewesen. Also rannte ich jeden Morgen wie ein Verrückter zum Tank und führte mit einem Zollstock eine Messung durch. Ich betete, dass das Heizöl bis zum nächsten Auftrag reicht.

Dann kam endlich der dicke Fisch und wir erhielten einen großen Auftrag. Ich sollte für eine bekannte Telefongesellschaft alle Autos beschriften. Das passte super, da im Januar normalerweise sowieso nicht viel lief. Ich dachte, der Auftrag würde uns fürs Erste retten. Dann machte eine Sachbearbeiterin einen Fehler und übergab den Auftrag an eine andere Firma, so dass für uns nur noch eine kleine Stückelung übrig blieb. Wir hätten rechtlich darauf bestehen können, dass wir diesen Auftrag erhielten, da die Auftragsbestätigung schon per Fax vorlag. Dann dachte ich an den Kollegen, der nun den Auftrag bekommen hatte. Vielleicht war der in einer ähnlichen Situation wie wir.

Okay, wir hatten den Auftrag nicht bekommen ... Unsere Schwierigkeiten wurden dadurch größer, aber Pleite würden wir nicht gehen. Ich ließ einfach los. Ich rief die Sachbearbeiterin an und beruhigte sie: »Machen sie sich keinen Stress!« Sie hätte mit Sicherheit großen Ärger bekommen.

Just drei Wochen später erhielten wir einen richtig großen Auftrag von Mercedes, der überhaupt nicht geplant war. Er übertraf den geplatzten Auftrag bei weitem. Als ich dann Jahre später vom LOLA-Prinzip hörte, ist mir klar geworden, dass alles nur so funktionieren kann. Was man gibt, bekommt man zurück. Es gibt kein anderes Lebensprinzip.

6. Die Geburt der konsequenten Kulanz

Geduld war für mich mittlerweile schon lange ein Thema. Ausschlag gebend für die Wortneuschöpfung »kulante Konsequenz« war Bharany, unsere 3-jährige Vollblutstute. Sie war schon eine besondere Zicke. Zum Hufegeben sagte sie: »NEIN!« Aber kein normales »Nein«, ihr »Nein« hieß: steigen, schlagen mit den Vorderhufen, eben so richtig frech sein ... Schnell musste ich aber feststellen, dass schimpfen oder ein typisch bayerischer Fluch bei ihr nichts, aber auch gar nichts brachten.

In der Dual-Aktivierung machte sie einen sehr guten Job, wie bei allem, was sie gut fand oder was ihr eine gewisse Freude bereitete. Nun war der Tag gekommen, da sollte sie aufs Laufband. Unser Laufband steht unter einem

Vordach neben dem Reitplatz, gleich an den Außenboxen. Um an das Laufband zu kommen, müssen die Pferde einen ca. zwei Meter breiten Gang an
den Außenboxen vorbei zurücklegen. Rechts die beiden Boxen, links der
Zaun vom Reitplatz. Also eigentlich kein Problem. Ich ging mit Bharany ziel-
strebig in Richtung Laufband. Am Eingang angekommen, blieb sie wie ange-
wurzelt stehen. Ich zog wie gewöhnlich leicht am Geitner-Halfter, das ich ihr
natürlich schon in weiser Voraussicht aufgezogen hatte.

Beim Zweiten – das dürfen Sie mir glauben – nur ganz leichten Zug am Halfter, stieg die Stute so, dass sie zu Boden ging. Doch nicht genug, sie sprang
mit einem Satz wieder auf und raste mit mir rückwärts, um nach ca. 30 Metern noch einmal zu steigen. Dabei fiel sie auf den Rücken und blieb kurz liegen. Ich war schockiert, so eine heftige Reaktion hatte ich noch nie erlebt.
Vor allem nicht bei einem Pferd, das ich schon einige Zeit unter meinen Fitti-
chen habe. Wirklich noch nie!

Ich sortierte mich, erholte mich von dem Schock und überlegte. Als Erstes
brauchte die Kleine den Osteopathen. Wir waren sehr erleichtert, dass der
Sturz nur leichte Folgen hatte. Sie können sich vorstellen, jeder weissagte
mir, dass die Stute *da* nicht mehr draufgehen würde. Wenn ich ehrlich bin,
dann hatte auch ich meine Zweifel.

Nach zwei Wochen konnte ich wieder mit ihr arbeiten. Ich bewegte mich mit
ihr auf den Gang zum Laufband zu. Just an derselben Stelle wie vor zwei
Wochen legte Bharany wieder einen Stopp ein. Bis zu diesem Zeitpunkt hatte ich keinen Plan. Tausend Gedanken gingen mir durch den Kopf, was man
alles machen könnte ... Genau zum richtigen Zeitpunkt kam mir der zünden-
de Gedanke. Ich sagte laut und deutlich zu der Stute:» Bharany, Du musst
heute nicht da hingehen, auch nicht morgen, aber Du wirst irgendwann auf
dem Laufband stehen, wie jedes andere Pferd hier im Stall.«

Ich merkte mir die Querlinien der Pflastersteine und arbeitete täglich mit ihr.
Ich stand mit ihr da und forderte sie nur mit der Stimme und dem Hauch eines Zugs am Strick (mehr traute ich mich gar nicht, denn ich hatte noch genau die Bilder im Kopf, wie die Kleine reagieren kann). Tag für Tag, Stein für
Stein kamen wir der Sache näher. Ich brauchte zirka zehn Tage und Bharany
stand auf dem Laufband. Es waren zehn Tage ohne Kampf, ohne Schmer-

zen und ohne großes Trara. Ich war konsequent und kulant zugleich. Ich ließ ihr die Zeit, die sie brauchte, aber wir standen jeden Tag im Gang zum Laufband.

Jetzt konnte ich plötzlich alles verknüpfen: verschiedene Kurserlebnisse, Daya, Almondo und die Geschichte mit dem Mexikaner.

Ich nutze diese herrliche Art, mit Pferden zu arbeiten, jetzt mehr als alles andere. Wie oft haben wir in einem Kurs die Situation, dass ein Pferd nicht in das Dreieck gehen will. Ich gebe dann sofort die Anweisung, nicht zu kämpfen und einfach außen herumzureiten. Danach wird es erneut versucht.

Denken Sie an die Geschichte mit dem Kinderzimmer. Sie sagen um acht Uhr morgens zu Ihrem Kind, dass es sein Zimmer aufräumen soll. Sie geben ihm bis 16 Uhr Zeit. Sie sind konsequent, aber die Zeit, die Sie ihm geben, ist kulant. So arbeiten wir auch am Dreieck. Bisher ist jedes Pferd im Laufe eines Lehrgangs durch dieses Dreieck gegangen, obwohl der Reiter innerlich vielleicht zwanzig Mal vor dem Hindernis aufgegeben hatte.

Kulante Konsequenz ist keine neue Methode. Es ist eine Einstellung, eine Geisteshaltung unserem Partner Pferd gegenüber. Kulante Konsequenz kann man in kein System packen oder ein Video darüber drehen. Sie müssen es verstehen und verinnerlichen, Sie müssen es leben. Wenn Sie es schaffen, sich von den Zwängen zu befreien (z.B. wenn der das heute nicht macht, dann macht er das nie mehr ...), werden Sie es auch so leben können, wie ich. Sie sollten sich sagen: »Wir schaffen es! Wenn nicht heute, dann morgen oder nächste Woche.« Damit nehmen Sie einen unglaublichen Druck von sich weg und vor allem auch von Ihrem Pferd.

Wenn ich zurückdenke, an die vielen Pferde, die ich in den Jahren häufig zu Dingen mehr oder weniger gezwungen habe, dann überkommt mich ein schlechtes Gewissen. Aber auch das war wahrscheinlich nötig, um am Ende zu dieser Erkenntnis zu kommen. Ganz am Anfang, als ich begann, Kurse zu geben, hatte mir ein Chefredakteur einer großen Pferdezeitschrift gesagt: »Herr Geitner, wenn Sie den Mittelweg gefunden haben, dann werden Sie

richtig gut!« Ich dachte mir: »Um Gottes willen – Mittelweg! Niemals! Was ich sage, zählt.«

Jetzt und hier, wie ich diese Zeilen schreibe, überkommt mich ein gequältes Lächeln, denn was war ich für ein Thor. Aber ich wusste es damals nicht besser. Der Chefredakteur hatte Recht.

Kulante Konsequenz ist heute mein Motto. Mein Team und ich waren noch nie so erfolgreich mit Pferden unterwegs, auch die Kurse liefen noch nie so gut. Die Teilnehmer freuen sich über die Ruhe und Entspanntheit. Ich gebe jedem Pferd und jedem Menschen die Möglichkeit, sich zu entfalten. Am Ende hat jeder sein persönliches Erfolgserlebnis.

Nehmen Sie die Philosophie in sich auf. Lassen Sie sich nicht beeinflussen, und wenn Ihr Pferd Sie mal wieder vor ein Rätsel stellt, dann fragen Sie sich zuerst: »Warum versteht es mich nicht?«

7. Mich trifft der Schlag!

Ein einschneidendes Erlebnis war für mich jene Nacht im September 2007. Ich fühlte mich schon den ganzen Abend schlecht. Es war keine Erkältung im Anflug, aber ich hatte irgendwie ein beklemmendes Gefühl in meinem Körper. Dieses Gefühl war wie eine ganz kleine Warnlampe, die in mir leuchtete und signalisierte: »Mike, hier ist etwas im Busch!« Natürlich nahm ich es nicht Ernst, denn dafür war alles zu unkonkret. Außerdem hatte ich schon wieder ein paar Projekte im Kopf, die es zu bearbeiten galt, dann die kommenden Kurse und dies und das auf dem Hof war auch noch zu machen. Ich legte mich hin und schlief auch sofort ein. In der Nacht wachte ich auf und hatte ein Gefühl, als wäre mein Körper aus Watte. Ich schleppte mich zur Toilette und konnte kaum koordiniert laufen. Weil mir so elend war, fiel mir im Spiegel nicht auf, dass mein Gesicht anders aussah als sonst. Am Morgen war meine rechte Seite taub und ich konnte kaum sprechen. Irgendwie pellte ich mich aus dem Bett, natürlich rief erst einmal die Pflicht: Pferdefütterung war angesagt. Ehrlich gesagt weiß ich gar nicht mehr, wie ich das geschafft hatte. Ich versorgte noch die Pferde und ging dann ins Haus. Sofort setzte ich mich an den Computer und gab in Google ein: Schlaganfall-Symptome. Okay, alles klar. Meine Frau Sabine schaute mich an und wusste auch ohne Internet, was los war. Sie fuhr mich sofort ins Krankenhaus. Dort kam ich direkt auf die Intensivstation. Noch ehe ich mich versah, waren Hunderte von Kabeln, Schläuchen, Messgeräten und piepsenden Monitoren an mich angeschlossen. In Dr. Frankensteins Labor hätte es nicht schlimmer aussehen können. Es kam quasi jede Stunde eine Abordnung von Ärzten zu mir. Sie berieten sich wichtig an meinem Fußende. Gegen Mittag wurde ich in einen Computertomographen gesteckt und am Nachmittag in den Kernspin. Röntgen, Ultraschall aller Organe und weiß der Himmel, was sie noch mit mir anstellten. Das Schlimme war: Ich wollte unbedingt nach Hause, denn auf dem Hof wartete eine Menge Arbeit auf mich. Doch selbst wenn ich gedurft hätte, ich hätte gar nicht gekonnt: Inzwischen war nämlich meine ganze rechte Seite gelähmt! Am frühen Abend eröffnete mir das Ärzteteam, dass ich einen Schlaganfall im Stammhirn durchgestanden hatte. Mit etwas Glück wären die Folgen zu beheben, erklärte der Oberarzt. Er fügte aber hinzu, dass die kommenden fünf Tage die kritischsten seien. Es könne in dieser Zeit jederzeit zu einer Verschlimmerung oder einem weiteren Schlag kommen.

Verkabelt wie ich dalag, sah ich oft zum Fenster hinaus in den Himmel und schickte Stoßgebete nach oben. »Lieber Gott, lass es nur ein Warnschuss gewesen sein!« Meine Gedanken kreisten in Sorge um den Hof, die Familie und meine Arbeit. »Was war mit den kommenden Kursen, wer versorgt die Pferde und überhaupt wie lange sollte ich noch so daliegen müssen?« An jedem einzelnen dieser fünf Tage wurde meine Frustration größer. Abgekapselt und ohne Kontakt nach außen lag ich dort und war Sklave meiner Gedanken, die mich vom Hoffen wieder ins Bangen fielen ließen.

Doch auch diese fünf Tage hatten irgendwann ein Ende und mein utopisch hoher Blutdruck gab langsam, aber stetig nach und senkte sich. Wenigstens durfte ich inzwischen aufstehen und allein zur Toilette gehen. Es waren auch heimliche Gespräche mit der Außenwelt mit meinem in der Nachttisch-

Schublade verstauten Handy möglich. Solche kleinen Dinge konnten mich zu Begeisterungsausbrüchen hinreißen, denn wenn man einmal so niedergestreckt daliegt, kann man sich nicht vorstellen, jemals wieder ganz normal zu gehen, zu arbeiten und leistungsfähig zu sein. Da ist der drei Meter lange Weg von der Bettkante bis zur Toilette wie ein Sieg im Ironman.

Es ging also aufwärts und am Tag darauf wurde ich noch einmal in ein Spezial-Krankenhaus verlegt, das auf Schlaganfall-Patienten spezialisiert war. Dort redete man mir eindringlich ins Gewissen. Die Kettenraucherei, das Übergewicht und den Reisestress, denn ich war ja ständig unterwegs, quittierte mein Körper mit dem »Not-Aus«. Ich war also gezwungen, ab jetzt einiges in meinem Leben zu ändern. Leider musste ich verschiedene Kurse absagen. Wenn ich weiterleben wollte, musste ich das Rauchen aufgeben und mein Gewicht reduzieren! Ich erkannte den Ernst der Lage und nach einem anfänglichen Tief schöpfte ich wieder Kraft. Viele treue Fans hatten auf meiner Homepage ganz liebe Genesungswünsche hinterlassen. Viele Freunde riefen mich an und neben gut gemeinten Ermahnungen spendeten sie mir Trost. Auch achtete meine Familie peinlich genau darauf, dass ich die neu gewonnenen Vorsätze in die Tat umsetzte. Neben vernichteten Zigarillo-Packungen verschwanden auch die Chipstüten und Schokoriegel im Mülleimer.

Gerade heute Morgen, bevor ich diese Zeilen schrieb, war ich bei meinem Nordic-Walking-Training – um 7 Uhr morgens. Das erste Mal seit zwei Monaten hatte ich das Gefühl, dass die Taubheit in der rechten Seite deutlich weniger wurde. Es liefen drei Rehe vor mir über den Weg und ich dachte mir: »Mensch Mike, so hast Du noch nie Deine Umwelt wahrgenommen. Es ist ein Segen und Deine Schutzengel haben es wieder mal sehr, sehr gut mit Dir gemeint. Denn wenn das alles nicht passiert wäre – Du hättest Dich nie geändert und das Leben wäre im Eilzug-Tempo an Dir vorbeigerast.«

Immer dann, wenn man denkt, man ist unabkömmlich und es geht gar nichts ohne einen, kommt ein »Naturgesetz« und belehrt einen eines Besseren. Natürlich waren in meiner Abwesenheit die Pferde gefüttert worden und diese und jene Projekte hatten plötzlich Zeit bis morgen. Wenn ich früher

»brannte« und mit hochrotem Kopf Vorhaben durchpeitschte, so hatte mich diese Geschichte mit meinem Schlaganfall auf den Boden der Tatsachen zurückgeholt. Nichts ist so wichtig, als dass es nicht noch bis morgen Zeit hätte ...

... das ist auch eine Form der kulanten Konsequenz. Alles hat eben seine Zeit!

8. Es ist alles in Euch!

Man wächst an den Aufgaben – mit Pferden und mit Menschen. So richtig gewachsen bin ich daran, dass Leute, die schon lange einen Namen in der Szene hatten, sich für mein Training interessierten und es dann einen regen Austausch mit ihnen gab. Das hat mir sehr viel Kraft gegeben.

Ich denke, dass ich auch am Rennsport sehr gewachsen bin. Da gab es viele Rückschläge, die ich in meiner ganzen Entwicklung mit Büchern und Kursen ja nicht kannte.

Daya mit ihrer energetischen Arbeit an Pferden spielte eine wichtige Rolle. Sie löste anfangs ganz unterschiedliche Gefühle bei mir aus: Angst, Ungläubigkeit und Bewunderung.

Das Zusammentreffen mit ihr führte letztlich zu der Erkenntnis, dass zwischen Mensch und Pferd mehr passiert, als wir uns in unseren kühnsten Träumen vorstellen können.

Alle diese Erfahrungen mit Menschen und Pferden haben in mir die Erkenntnis reifen lassen, dass der beste Weg der ist, den man selbst geht. Zudem sollte man sich immer mal wieder auf sein »Bauchgefühl« verlassen.

Man muss, um ein Pferd erfolgreich zu trainieren, einen Rahmen stecken: Funktioniert etwas nicht, dann wird daran gearbeitet. Man erreicht es vielleicht nicht in einer Woche oder in einem Monat, aber in einem Jahr bestimmt. In kulanter Konsequenz eben! Zu einer positiven Pferd-Mensch-Beziehung gehört dieser Einsatz der kulanten Konsequenz.

Seit dem Tag meines Schlaganfalls, ist das Leben intensiver für mich geworden. Mir ist die große Bedeutung des Ausspruches heute klar: »Genieße jede Sekunde Deines Lebens!« Meine Kurse haben sich seit dem total verändert. Ich strahle laut Aussagen der Teilnehmer eine wohltuende Ruhe aus, die sich auch auf die Pferde überträgt.

Nach der Anleitung, wie eine Übung zu reiten ist, lasse ich den Kursteilnehmern Zeit, um sich in die Sache einzufinden und in sich hineinzuhorchen, wie sich die Übung »anfühlt«. Es wird nicht ständig kommentiert oder angewiesen. Diese Zeit dazwischen ist ein unheimlicher Gewinn für die Reiter, die Pferde und auch für mich.

Ich würde sagen, dass die Konzentration und die Effektivität auf meinen Kursen noch nie so hoch waren, wie heute. Es bleibt Zeit für jeden Einzelnen und ich stelle immer wieder fest, dass sie es alle da draußen sehr, sehr gut machen. Aber sie glauben noch nicht alle daran.

Jeder sollte sich beim Reiten und bei der Arbeit mit Pferden mehr zutrauen und mehr an sich glauben, umso mehr wird ihm sein Pferd vertrauen.

Es ist alles in Euch!

Michael Geitner, Rancho Alegre im Oktober 2007

Setzen Sie aufs richtige Pferd!

CAVALLO bringt frischen Wind in die Reiterszene. Jedes Heft bietet Dutzende von Ratschlägen, wie Sie Ihr Pferd besser verstehen, füttern oder erziehen können. Oder wie Sie seine und Ihre Leistung steigern. Und deshalb angenehmer reiten.

CAVALLO packt gern heiße Eisen an.

CAVALLO testet jeden Monat neue Reitschulen und schreibt, was sie taugen.

CAVALLO testet Sättel, untersucht Futter oder berichtet über die neuesten Entwicklungen der Pferdemedizin.

Wir schicken Ihnen gern ein Heft zum Testen. Kostcnlos natürlich! Postkarte genügt – oder Fax oder e-mail schicken.

CAVALLO, Scholten Verlag,
Postfach 10 37 43, D-70032 Stuttgart,
Fax (0711) 236 04 15
e-mail: redaktion@cavallo.de
Internet: www.cavallo.de

CAVALLO
Das Magazin für aktives Reiten